装配式建筑建造技能培训系列教材（共四册）

装配式建筑建造　施工管理

北京城市建设研究发展促进会　组织编写
王宝申　主　　编

中国建筑工业出版社

图书在版编目（CIP）数据

装配式建筑建造　施工管理/北京城市建设研究发展促进会组织编写；王宝申主编. —北京：中国建筑工业出版社，2017.12（2021.4重印）
装配式建筑建造技能培训系列教材
ISBN 978-7-112-21609-3

Ⅰ．①装…　Ⅱ．①北…②王…　Ⅲ．①建筑工程-装配式构件-建筑安装-工程管理-技术培训-教材　Ⅳ．①TU7

中国版本图书馆CIP数据核字（2017）第295095号

责任编辑：张幼平　费海玲
责任校对：李欣慰

装配式建筑建造技能培训系列教材（共四册）
装配式建筑建造　施工管理
北京城市建设研究发展促进会　组织编写
王宝申　主　编
*
中国建筑工业出版社出版、发行（北京海淀三里河路9号）
各地新华书店、建筑书店经销
霸州市顺浩图文科技发展有限公司制版
北京建筑工业印刷厂印刷
*
开本：787×1092毫米　1/16　印张：4½　字数：87千字
2018年1月第一版　2021年4月第三次印刷
定价：**19.00**元
ISBN 978-7-112-21609-3
（31256）

造就中国建筑业大国工匠

推动中国建筑业精益制造

《装配式建筑建造　施工管理》分册编写人员

执行主编：胡延红

编写成员：（排名不分先后）

历光大　张海波　辛　洁　陈　杭　王　然

解成志　白　松　李晓晨　朱　盼　杨　瑞

序

建筑产业化近年来已经成为行业热点，从发达国家走过的历程看，预制建筑与传统施工相比具有建筑质量好、施工速度快、材料用量省、环境污染小的特点，符合我国建筑业的发展方向，越来越受到国家和行业主管部门的重视。

由于装配式建筑“看起来简单、做起来很难”，从国外的经验看，支撑装配式建筑发展的首要因素是“人”，装配式建筑需要专业化的技术人才。国务院《关于大力发展装配式建筑的指导意见》指出：力争用10年左右的时间，使装配式建筑占新建建筑面积的比例达到30%。强化队伍建设，大力培养装配式建筑设计、生产、施工、管理等专业人才。我国每年城市新建住宅的建设面积约15亿平方米，对装配式专业化技术人才的需求十分巨大。

北京城市建设研究发展促进会以贯彻落实“创新、协调、绿色、开放、共享”五大发展新理念为指导，以推动建设行业深化改革、创新发展为己任，顺应产业化变革大势，以行业协会的优势，邀请国内装配式建筑建造方面的资深专家学者共同参与调研，实地考察，科学分析，认真探讨装配式建筑建造施工过程中的每一个细节。经过不懈的努力和奋斗，建立了一套科学的装配式建筑建造理论体系，并制定了一套装配式建筑创新型人才培养机制，组织各级专家编写汇集了《装配式建筑建造技能培训系列教材》。

本教材分为四册，汇集了各位领导、各位同事多年业务经验的积累，结合实践经验，用通俗易懂的语言详细阐述了装配式建筑建造过程中各项专业知识和方法，对现场预制生产作业工人和施工安装操作工人进行了理论结合实际的完整的工序教育。其中很多知识都是通过经验数据得出的行业标准，对于装配式建筑建造有着极高的参考价值，值得大家学习和研究。

各企业和培训机构能借助系列教材加大装配式技术人才的培养力度，提升从业人员技能水平，改变我国装配式专业化技术人才缺失的局面，助力建筑业转型升级，服务城市建设。

当然，装配式建筑建造尚处于初级阶段，本教材内容随着产业化的不断升级还需继续完善，在此诚恳参阅的各位领导和同事予以指正、批评，多和我们进行交流，共同为建筑业、为城市建设贡献自己的微薄之力。

感谢参与本书编写的各位编委在极其繁忙的日常工作中抽出宝贵时间撰写书稿。感谢共同参与调研的各位专家学者对本书的大力支持。感谢北京住总集团等会员企业为本书编写提供了大量的人力资源、数据资料和经验分享。

北京城市建设研究发展促进会

2017 年 12 月 5 日

目　　录

第一章 施工组织管理

一、施工组织管理总体要求

1. 施工单位应根据装配式建筑工程特点和管理特点，建立与之相适应的组织机构和管理体系，明确工作岗位设置及职责划分，并配备相应的管理人员。管理人员以及专业操作人员应具备相应的执业证书和岗位证书。

2. 施工单位在施工前明确装配式建筑工程质量、进度、成本、安全、科技、消防、环保、节能及绿色施工等管理目标。

3. 施工单位在施工前应根据装配式建筑工程实际情况编制单位工程施工组织设计和专项施工方案，并经监理单位批准后实施。

4. 施工单位根据装配式建筑规模与工程特点，选择满足施工要求的施工机械、设备，并选择具备相应资质的租赁及安装单位。

5. 施工单位应提前对预制构件厂家进行考察，选择技术成熟、具备供应能力的预制构件生产厂家。

6. 施工单位应选择具备相应专业施工能力的劳务队伍进行施工，劳务队伍应配备足够数量的专业工种人员，持有国家或行业有关部门颁发的有效证件上岗。

二、工程策划及施工重点、难点分析

1. 施工总体策划

装配式结构总体策划主要突出项目整体施工流程、标准层施工流程、穿插施工组织、劳动力计划、材料构配件组织及整体平面布置等。

施工前对工程所有工作进行梳理，列出从前期策划到总结的各项工作，整体规划，保证各阶段施工前均有策划。

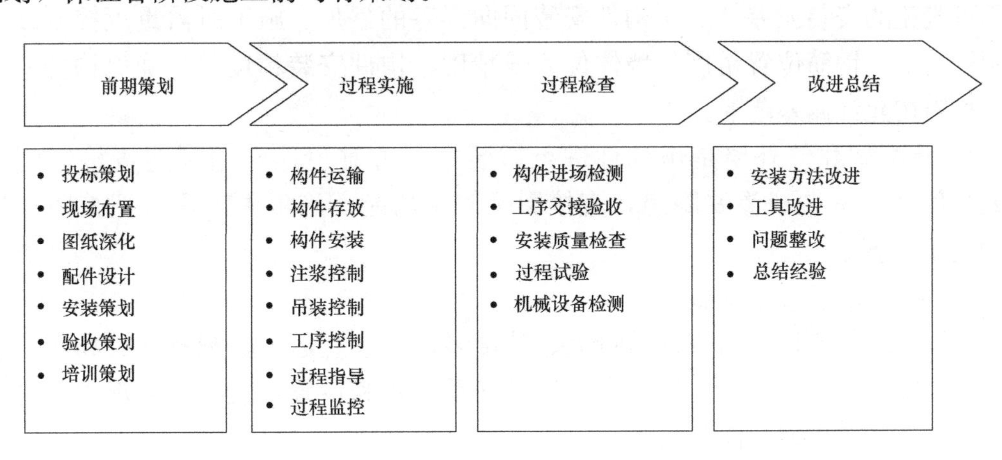

前期完成塔吊选型、构件存放、钢筋定位、工具设计、支撑体系、构件安装工艺等工业化前期策划工作，为后期顺利实施打下坚实基础。

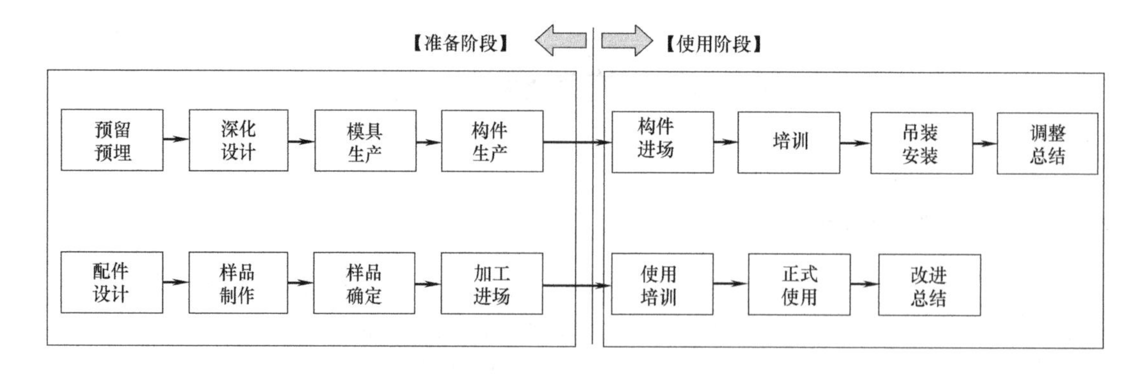

2. 施工重点、难点

（1）技术管理重点

技术准备阶段，预制构件的深化设计除了考虑水电的预留预埋设计外，应重点结合施工方法对预制构件临时固定措施、塔吊外梯的锚固措施、模板与构件的连接设计等进行深化设计。

（2）质量控制难点

1）预制墙体灌浆套筒连接的钢筋定位工作，尤其是转换层的竖向钢筋定位，是质量控制的难点。竖向钢筋控制难度大，且竖向钢筋位置是否准确，决定着预制墙体的安装精度，同时也直接影响预制墙体的安装时间，影响工程质量和施工工期，因此必须采取可靠技术措施确保施工质量。

2）钢筋套筒灌浆连接是质量管理的重点。预制墙体竖向钢筋连接采用套筒灌浆连接。灌浆质量直接决定建筑物的结构安全，灌浆工作必须引起高度重视，需重点监控浆料配合比、浆料流动性、注浆饱满度等关键环节。

3）安装精度控制是质量控制难点。现场要建立分区、分级测量控制点，确保测量误差在分区、分级内消化，不累加、递延。通过对预留缝隙的控制，逐层吸收不可避免的安装误差，防止构件安装同向误差的累加。施工时需重点控制顶板控制线精度、钢筋位置精度、墙体位置线精度、构件安装精度等，确保构件安装偏差控制在允许偏差范围。

4）装配式建筑外墙是由构件进行拼装，不可避免地会遇到连接接缝的防水处理问题，易造成渗漏隐患，直接影响使用功能。施工中需重点把控防水构造和施工质量。

（3）施工现场管理重点

装配式结构工程预制构件重量大、数量多，对垂直运输机械及存放场区要求较高，需要针对工程实际情况，合理选择起重设备和设置位置，合理规划构件堆放场地规模、各类型构件存放位置。

（4）安全管理重点

预制构件种类多、数量大、重量大，吊装过程中的安全管理是施工安全管理的重点。吊装过程应重点控制吊装半径、吊具磨损程度、设备性能、安全旁站、操作规程等，确保全过程安全施工。

三、施工进度管理

1. 工程量统计

由于装配式结构由现浇部分、预制构件及现浇节点共同组成，故总体工程量计算需分开进行。单层工程量能够显示出现浇施工方式与装配式结构施工方式两者在钢筋、模板、混凝土三大主材消耗数量上的不同。另外，单层的构件数量也给堆放场地、插板架子、装配式工器具的布设及数量提供依据。

（1）现浇节点工程量

装配层现浇节点的标准层钢筋、模板、混凝土消耗量由每个节点以及电梯井、楼梯间的现浇区域逐一计算而来，如表1-1。

××工程现浇节点工程量统计表　　表1-1

	节点编号	节点构成	外围周长(m)	面积(m^2)	墙高(梁高)(m)	混凝土量(m^3)	模板接触面积(m^2)	钢筋(t)
1段	1	XQ1+GYZ3+AZ3	5.85	0.625	2.73	1.71	15.97	147.76
	2	XQ1+GYZ1+AZ3	6.4	0.69	2.73	1.88	17.47	163.13
	3	GYZ4	1.8	0.23	2.73	0.63	4.91	54.38
	5	GYZ5+XQ5+GJZ2	8.7	1.1	2.73	3.00	23.75	260.06
	6	AZ1	1.2	0.15	2.73	0.41	3.28	35.46
	7	GYZ1+XQ1+AZ3	5.8	0.63	2.73	1.72	15.83	148.94
	8	GYZ1+AZ3+XQ2	3.9	0.44	2.73	1.20	10.65	104.02
	25	GYZ9	2.2	0.24	2.73	0.65	6.00	56.74
	26	GYZ7	2.3	2.5	2.73	6.83	6.28	591.04
	27	GYZ6	1.9	0.21	2.73	0.57	5.19	49.65
	28	GYZ1	1.6	0.21	2.73	0.57	4.37	49.65
	29	AZ1	1.2	0.15	2.73	0.41	3.28	35.46
	30	AZ1	1.2	0.15	2.73	0.42	3.28	35.46
	31	AZ1	1.2	0.15	2.73	0.41	3.28	35.46
	32	AZ3	1.2	0.12	2.73	0.33	3.28	28.37
2段	9	GYZ1+XQ1+AZ3	5.8	0.63	2.73	1.72	15.83	148.94
	10	AZ1	1.2	0.15	2.73	0.41	3.28	35.46
	11	GYZ5+XQ5+GJZ2	8.7	1.1	2.73	3.00	23.75	260.06
	13	GYZ4	1.8	0.23	2.73	0.63	4.91	54.38
	14	XQ1+GYZ3+AZ3	5.85	0.625	2.73	1.71	15.97	147.76

续表

	节点编号	节点构成	外围周长(m)	面积(m^2)	墙高(梁高)(m)	混凝土量(m^3)	模板接触面积(m^2)	钢筋(t)
2段	15	XQ1+GYZ1+AZ3	6.4	0.69	2.73	1.88	17.47	163.13
	16	AZ1	1.2	0.15	2.73	0.41	3.28	35.46
	17	AZ1	1.2	0.15	2.73	0.41	3.28	35.46
	18	AZ1	1.2	0.15	2.73	0.41	3.28	35.46
	19	GYZ1	1.6	0.21	2.73	0.57	4.37	49.65
	20	GYZ6	1.9	0.21	2.73	0.57	5.19	49.65
	21	GYZ7	2.3	2.5	2.73	6.82	6.28	591.04
	22	GYZ9	2.2	0.24	2.73	0.66	6.00	56.74

(2) 预制构件分类明细及单层统计（图 1-1）

预制构件的统计是对构件分类明细、单层构件型号及数量进行统计汇总，通过统计表掌握构件的型号、数量、分布，为后续吊装、构件进场计划等工作的开展提供依据（表 1-2）。

××工程预制构件汇总统计表　　表 1-2

类　型	数量(块)	最重构件编号	最重构件尺寸
外墙板	585	WQ4625	4600×2550
内墙板	182	NQ3125	3100×2550
叠合板	1264	YB54.24	5220×2400×60
阳台板	26		
空调板	336	KT08.32	3200×840
梯段板	64	YAT1	2760×1250×120
PCF 板	208		

单层构件统计表是针对每层构件进行统计，区分外墙板、内墙板、外墙装饰板、阳台隔板、阳台装饰板、楼梯梯段板、楼梯隔板、叠合板、阳台板及悬挑板等的数量，为流水段划分提供基础依据（表 1-3）。

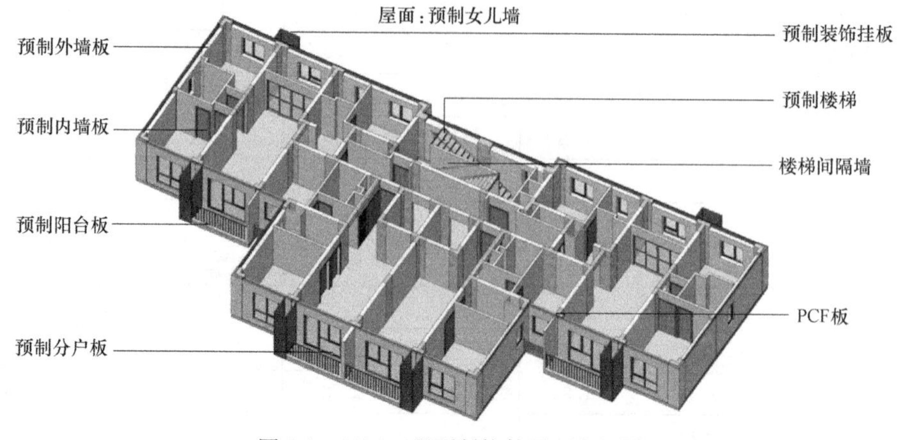

图 1-1　××工程预制构件平面布置图

××工程单层构件数量统计表　　表 1-3

墙体构件(块)		其他竖向构件(块)			楼梯构件(块)		水平构件(块)		
外墙板	内墙板	外墙装饰板	阳台隔板	阳台装饰板	楼梯梯段	楼梯隔板	叠合板	阳台板	悬挑板
22	13	2	1	6(8)	2	2	46	6(7、5)	5(6)

(3) 总体工程量统计

最后现浇部分、预制构件及现浇节点共同组成装配式工程总体工程量统计表(表 1-4)。

××工程总体工程量统计表　　表 1-4

施工材料	部位	单层工程量		总体工程量	
		装配层(7 层以上)	现浇层(1~6 层)	装配层	现浇层
钢筋(t)	墙体	4.7	10.54	98.7	63.24
	顶板	1.406	2.6	29.526	15.6
模板(m^2)	墙体	377.29	1205.8	7923.09	7234.8
	顶板	37.39	82	785.19	492
混凝土(m^3)	墙体	54.83	121.7	1151.43	730.2
	顶板	34.68	39.25	728.28	235.5
预制墙体(块)	内	13	/	182	/
	外	22	/	585	/
叠合板(块)	/	46	/	1264	/
阳台板	/	2	/	26	/
空调板	/	21	/	336	/
楼梯板	/	4	/	64	/
PCF 板	/	16	/	208	/

2. 流水段划分

流水段划分是工序工程量计算的依据，二者又相互影响，各流水段的工序工程量要大致相当。在工程施工中，还有可能根据实际情况，调整流水段划分位置，以达到最优资源配置。

竖向流水段划分需考虑现浇楼梯间和电梯间必须一起浇筑的影响因素，再根据构件数量及工程量计算等其他因素进行流水段划分(图 1-2)。

水平流水段需考虑叠合板吊装对进度的影响，再根据构件数量及工程量计算等其他因素进行流水段划分(图 1-3)。

(1) 吊次分析

以高层装配式工程为例，将影响塔吊使用的工序按竖向排列，将塔吊本身的施工顺序过程按横向排列，编制吊次计算分析表如表 1-5。

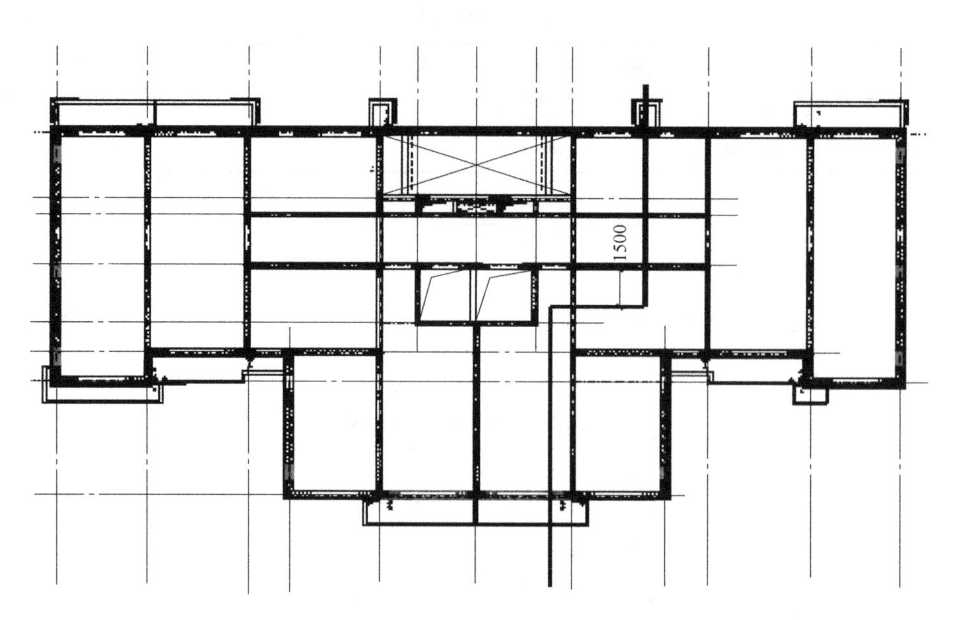

图 1-2　竖向流水段划分图

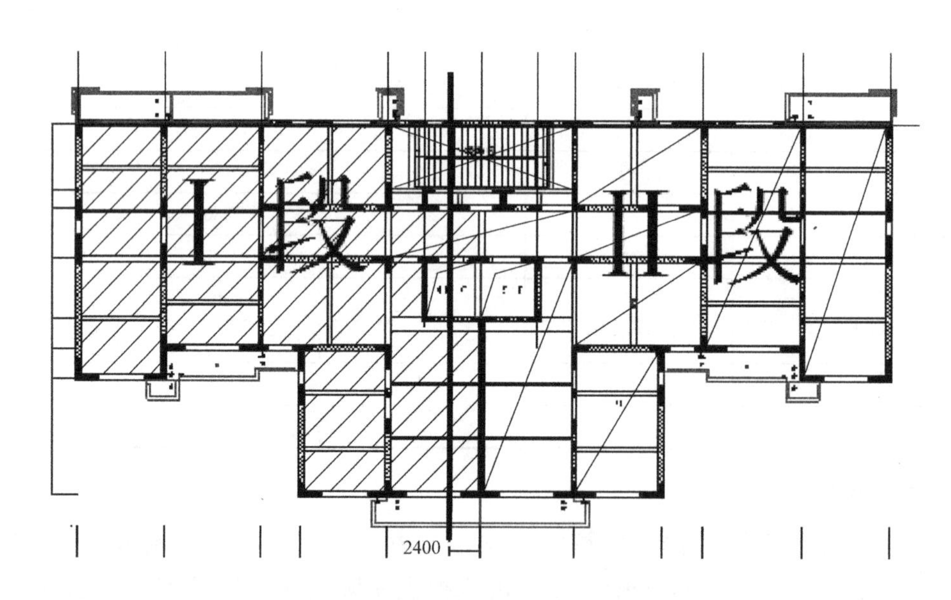

图 1-3　水平流水段划分图

××工程塔吊吊次计算分析表　时间单位：min　　**表 1-5**

大钢模	工序	预备挂钩时间	安全检查时间	起升时间	回转就位时间	安装作业时间	落钩起升回转时间	下降至地面时间	每吊总耗时	吊次	占用时间		总耗时
转换层适应期7～9层	构件	1	1	2	1	10	1	2	18	96	1728	29	94
	大钢模安拆	1	1	2	1	2	1	2	10	278	2780	46	
	钢筋	1	1	2	1	4	1	2	12	5	60	1	
	浇筑混凝土	1	1	2	1	10	1	2	18	61	1098	18	

续表

大钢模	工序	预备挂钩时间	安全检查时间	起升时间	回转就位时间	安装作业时间	落钩起升回转时间	下降至地面时间	每吊总耗时	吊次	占用时间		总耗时
10～20层	构件	1	1	3	1	5	1	3	15	96	1440	24	101
	大钢模安拆	1	1	3	1	3	1	3	13	278	3614	60	
	钢筋	1	1	3	1	4	1	3	14	5	70	1	
	浇筑混凝土	1	1	3	1	5	1	3	15	61	915	15	
21～28层	构件	1	1	4	1	5	1	4	17	96	1632	27	120
	大钢模安拆	1	1	4	1	4	1	4	16	278	4448	74	
	钢筋	1	1	4	1	4	1	4	16	5	80	1	
	浇筑混凝土	1	1	4	1	5	1	4	17	61	1037	17	
铝模	工序	预备挂钩时间	安全检查时间	起升时间	回转就位时间	安装作业时间	落钩起升回转时间	下降至地面时间	每吊总耗时	吊次	占用时间		总耗时
转换层适应期7～9层	构件	1	1	2	1	10	1	2	18	96	1728	29	48
	钢筋	1	1	2	1	4	1	2	12	5	60	1	
	浇筑混凝土	1	1	2	1	10	1	2	18	61	1098	18	
10～20层	构件	1	1	3	1	5	1	3	15	96	1440	24	40
	钢筋	1	1	3	1	4	1	3	14	5	70	1	
	浇筑混凝土	1	1	3	1	5	1	3	15	61	915	15	
21～28层	构件	1	1	4	1	5	1	4	17	96	1632	27	46
	钢筋	1	1	4	1	4	1	4	16	5	80	1	
	浇筑混凝土	1	1	4	1	5	1	4	17	61	1037	17	

一般装配式工程竖向模板支撑体系以大钢模板和铝合金模板为主，大钢模板在安装、拆卸过程中需要占用塔吊吊次，而铝模的安装及拆卸基本不占用吊次。下面就大钢模板及铝合金模板的施工流水分别进行举例。

（2）工序流水分析

按照计算完的工序工程量，充分考虑定位甩筋、坐浆、灌浆、楼梯及预挂板吊装、顶板水电安装等工序所需的技术间歇。以天为单位，确定流水关键工序，如表1-6。

大钢模板流水分析表　　　　表1-6

编号	①	②	③	④	⑤	⑥	⑦
绝对工期	1天	2天	3天	4天	5天	6天	7天
关键线路工序内容	放线、外架提升	水电及钢筋验收、角模	水电及钢筋验收、角模	现浇节点支模及混凝土	拆模	叠合板吊装	顶板绑筋及混凝土
	墙体吊装	现浇节点钢筋	现浇节点支模及混凝土	独立支撑	圈边龙骨		顶板水电管安装
	定位甩筋	墙体坐浆	N-1层楼梯及预挂板	N-1层楼梯及预挂板			
	墙体坐浆		墙体注浆				

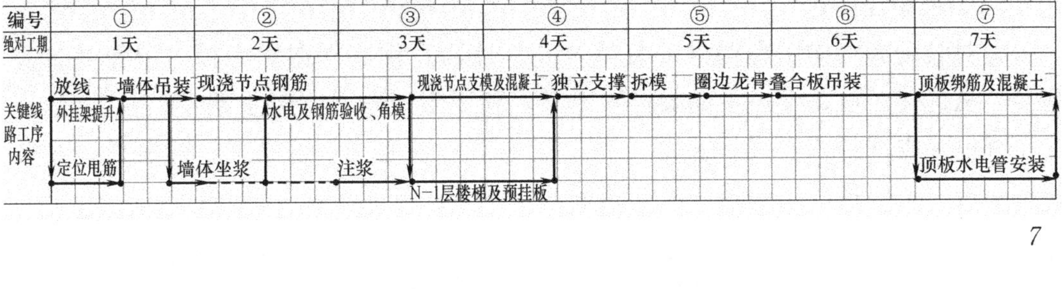

编号	①	②	③	④	⑤	⑥	⑦
绝对工期	1天	2天	3天	4天	5天	6天	7天
关键线路工序内容	放线　墙体吊装	现浇节点钢筋		现浇节点支模及混凝土　独立支撑	拆模　圈边龙骨	叠合板吊装	顶板绑筋及混凝土
	外挂架提升	水电及钢筋验收、角模					
	定位甩筋	墙体坐浆	注浆	N-1层楼梯及预挂板			顶板水电管安装

铝合金模板流水分析表 **表 1-7**

编号	①	②	③	④	⑤	⑥
绝对工期	1天	2天	3天	4天	5天	6天
关键线路工序内容	放线、外架提升	水电及钢筋验收、角模	现浇节点支模	现浇节点支模	叠合板吊装	顶板绑筋及混凝土
	墙体吊装	现浇节点钢筋及验收	N-1层楼梯及预挂板	圈边龙骨、独立支撑	顶板绑筋	顶板水电管安装
	定位甩筋	墙体坐浆	墙体坐浆	叠合板吊装	顶板水电管安装	
			圈边龙骨、独立支撑	N-1层楼梯及预挂板		

编号	①	②	③	④	⑤	⑥
绝对工期	1天	2天	3天	4天	5天	6天
关键线路工序内容	放线 → 墙体吊装 → 现浇节点钢筋		现浇节点支模	叠合板吊装	顶板绑筋及墙顶混凝土	
	外挂架提升	水电及钢筋验收、角模				
	定位甩筋	墙体坐浆	注浆	圈边龙骨、独立支撑	顶板水电管安装	
			N-1层楼梯及预挂板			

由于铝合金模板不占用塔吊吊次，因此 6 天可完成 1 段结构施工。

（3）单层流水组织

单层流水的组织是以塔吊占用为主导的流水段穿插流水组织，具体到小时。可将一天 24h 划分为 4 个时段，并进一步将工序模块化，同时体现段与段之间的技术间歇，以及每天、每个时段的作业内容对应的质量控制、材料进场与安全文明施工等管理内容。尤其对构件进场到存放场地，与结构主体吊装之间的塔吊使用时间段协调方面，有着极大的指导意义。在整个装配式施工阶段，循环作业计划可悬挂于栋号出入口，作为每日工作重点的提示。

以大钢模板、铝合金模板及木质模板单层流水分别举例，如表 1-8。

××工程大钢模板单层流水作业分析表（2 条流水段） **表 1-8**

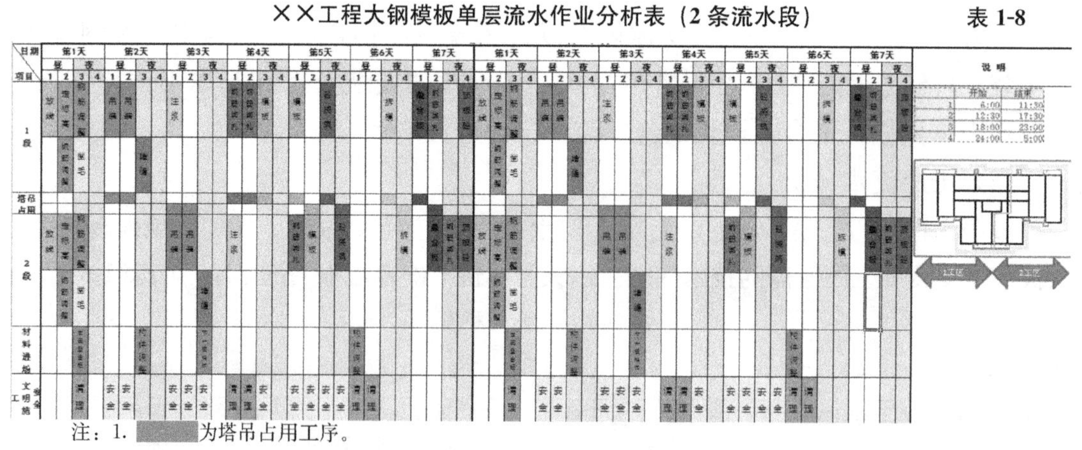

注：1. ▇▇为塔吊占用工序。

2. 为了更为形象地说明单层流水工序的穿插，上表绘制 2 层流水作业。

3. 工程总控计划

针对装配式结构工程构件安装精度高、外墙为预制保温夹心板、湿作业少等特点，从优化工序、缩短工期的目的出发，利用附着式升降脚手架、铝合金模板、施工外电梯提前插入、设置止水、导水层等工具或方法，使结构、初装修、精装修同步施工，实现从内到外、从上到下的立体穿插施工（表 1-9～表 1-11）。

××工程大钢模板单层流水作业分析表（3 条流水段）　　表 1-9

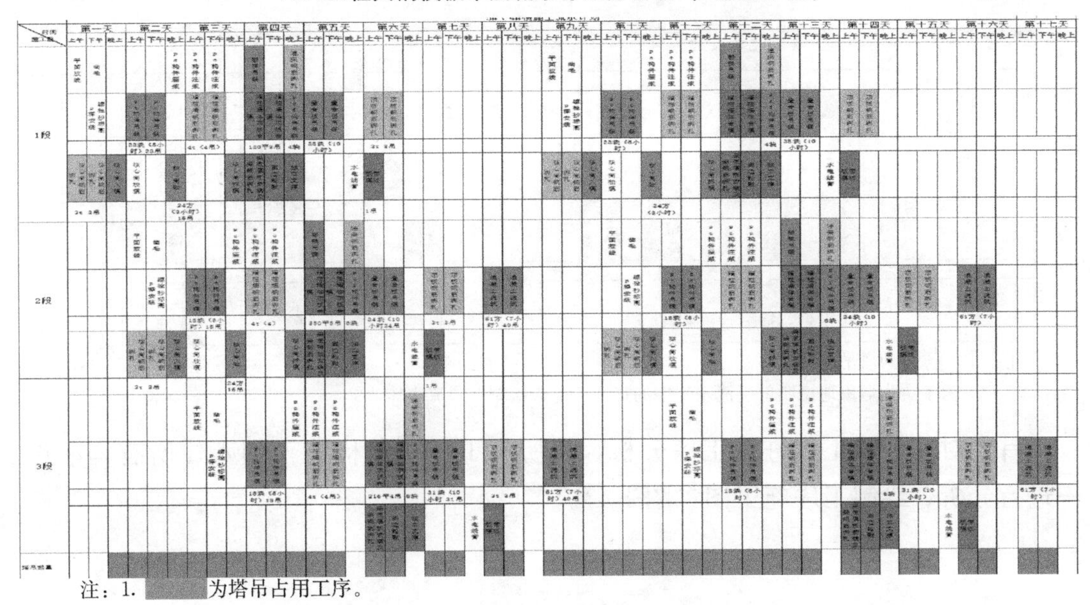

时间 / 施工段	第一天	第二天	第三天	第四天	第五天	第六天	第七天	第八天	第九天	第十天	第十一天	第十二天	第十三天	第十四天	第十五天	第十六天	第十七天
	上午 下午 晚上	上午 下午 晚上	上午 下午 晚上	上午 下午 晚上	上午 下午 晚上	上午 下午 晚上	上午 下午 晚上	上午 下午 晚上	上午 下午 晚上	上午 下午 晚上	上午 下午 晚上	上午 下午 晚上	上午 下午 晚上	上午 下午 晚上	上午 下午 晚上	上午 下午 晚上	上午 下午 晚上
1段																	
2段																	
3段																	
塔吊占用																	

注：1. ▇▇ 为塔吊占用工序。

2. 为了更为形象地说明单层流水工序的穿插，上表绘制 2 层流水作业。

××工程铝合金模板（木模板）单层流水作业分析表（2 段）　　表 1-10

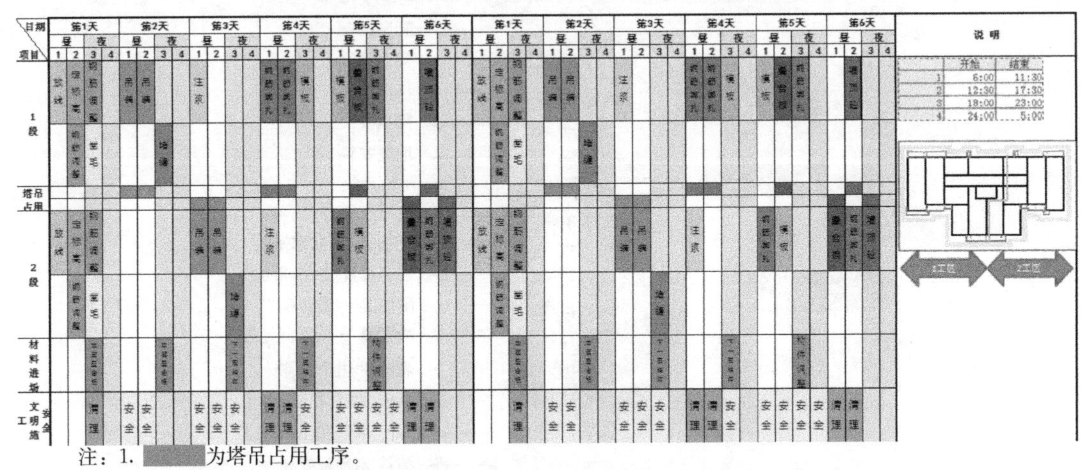

日期	第1天	第2天	第3天	第4天	第5天	第6天	第1天	第2天	第3天	第4天	第5天	第6天
	昼 夜	昼 夜	昼 夜	昼 夜	昼 夜	昼 夜	昼 夜	昼 夜	昼 夜	昼 夜	昼 夜	昼 夜
项目	1 2 3 4	1 2 3 4	1 2 3 4	1 2 3 4	1 2 3 4	1 2 3 4	1 2 3 4	1 2 3 4	1 2 3 4	1 2 3 4	1 2 3 4	1 2 3 4
1段	放线 定标高 钢筋调整 钢筋调整 凿毛	吊模 吊模 堵缝	注浆	钢筋绑扎 钢筋绑扎 模板	模板 叠合板 钢筋绑扎	浇筑砼	放线 定标高 钢筋调整 钢筋调整 凿毛	吊模 吊模 堵缝	注浆	钢筋绑扎 钢筋绑扎 模板	模板 叠合板 钢筋绑扎	浇筑砼
塔吊占用												
2段	放线 定标高 钢筋调整 钢筋调整 凿毛		吊模 吊模 堵缝	注浆	钢筋绑扎 模板	叠合板 钢筋绑扎 浇筑砼	放线 定标高 钢筋调整 钢筋调整 凿毛		吊模 吊模 堵缝	注浆	钢筋绑扎 模板	叠合板 钢筋绑扎 浇筑砼
材料进场					构件调整						构件调整	
文明施工安全	清理	安全 安全	安全 安全 安全	清理 清理 安全	安全 安全 安全 安全	清理 清理	清理	安全 安全	安全 安全 安全	清理 清理 安全	安全 安全 安全 安全	清理 清理

注：1. ▇▇ 为塔吊占用工序。

2. 为了更为形象地说明单层流水工序的穿插，上表绘制 2 层流水作业。

××工程铝合金模板（木模板）单层流水作业分析表（3 段）　　表 1-11

时间 / 施工段	第一天	第二天	第三天	第四天	第五天	第六天	第七天	第八天	第九天	第十天	第十一天	第十二天	第十三天	第十四天	第十五天	第十六天	第十七天
	上午 下午 晚上	上午 下午 晚上	上午 下午 晚上	上午 下午 晚上	上午 下午 晚上	上午 下午 晚上	上午 下午 晚上	上午 下午 晚上	上午 下午 晚上	上午 下午 晚上	上午 下午 晚上	上午 下午 晚上	上午 下午 晚上	上午 下午 晚上	上午 下午 晚上	上午 下午 晚上	上午 下午 晚上
	钢筋调整 凿毛	26块（8小时）		水电线管	4块 38块（10小时）	水电线管			钢筋调整 凿毛	26块（8小时）		水电线管	4块 38块（10小时）	水电线管			
2段		放线	22块（6小时）			34块（9.5小时）		88方（5.5小时）		放线	22块（6小时）		6块	94块（9.5小时）		88方（5.5小时）	
		钢筋调整 凿毛		水电线管		水电线管				钢筋调整 凿毛		水电线管		水电线管			

续表

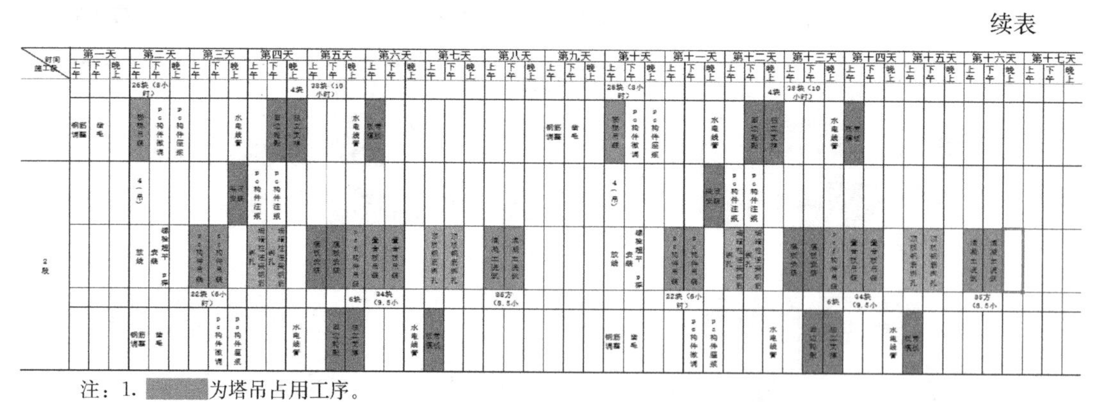

注：1. ▇▇ 为塔吊占用工序。

2. 为了更为形象地说明单层流水工序的穿插，上表绘制2层流水作业。

首先对装配式工程进行工序分析，将所有工序从结构施工到入住所有程序逐一进行分析，绘制工序施工图（图1-4）。

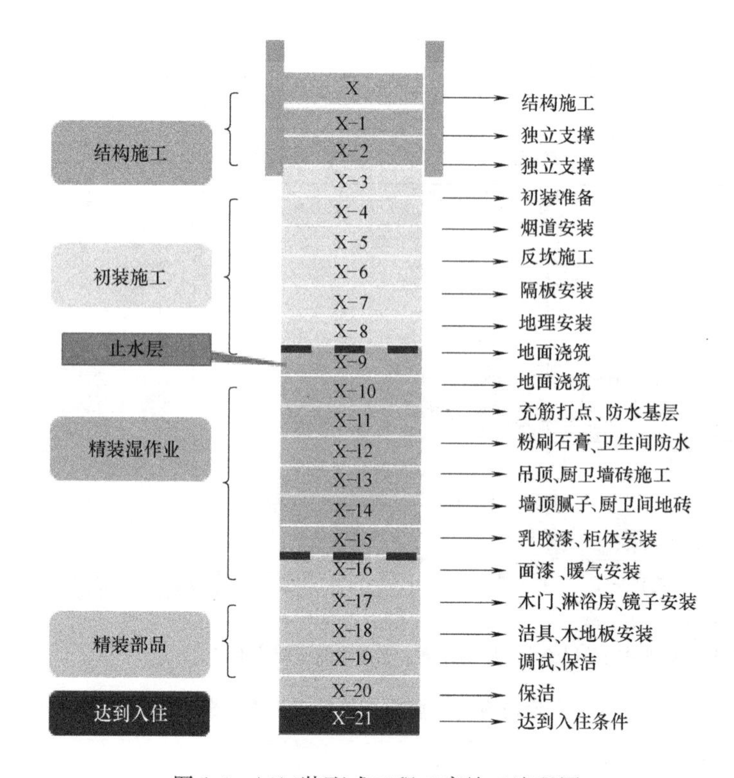

图1-4 ××装配式工程工序施工流程图

其次根据总工期要求，通过优化结构施工工序，提前插入初装修、精装修、外檐施工，实现总工期缩短的目标。

结构工期确定后，大型机械的使用期也相应确定，在总网络图中显示出租赁期限，并根据开始使用的时点，倒排资质报审时间、基础完成时间、进场安装时间。在机械运行期间，还能根据所达到的层高，标出锚固时点，便于提前做相关准备工作（图1-5、图1-6）。

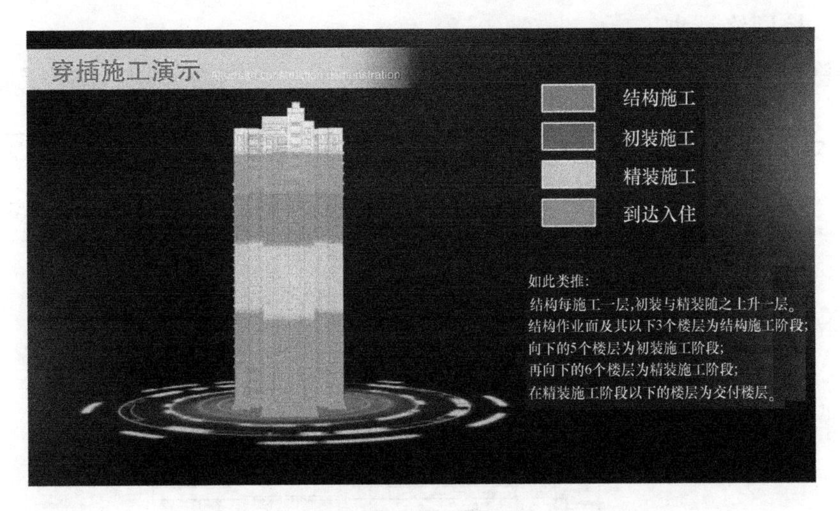

图 1-5　××装配式工程工序施工穿插演示图

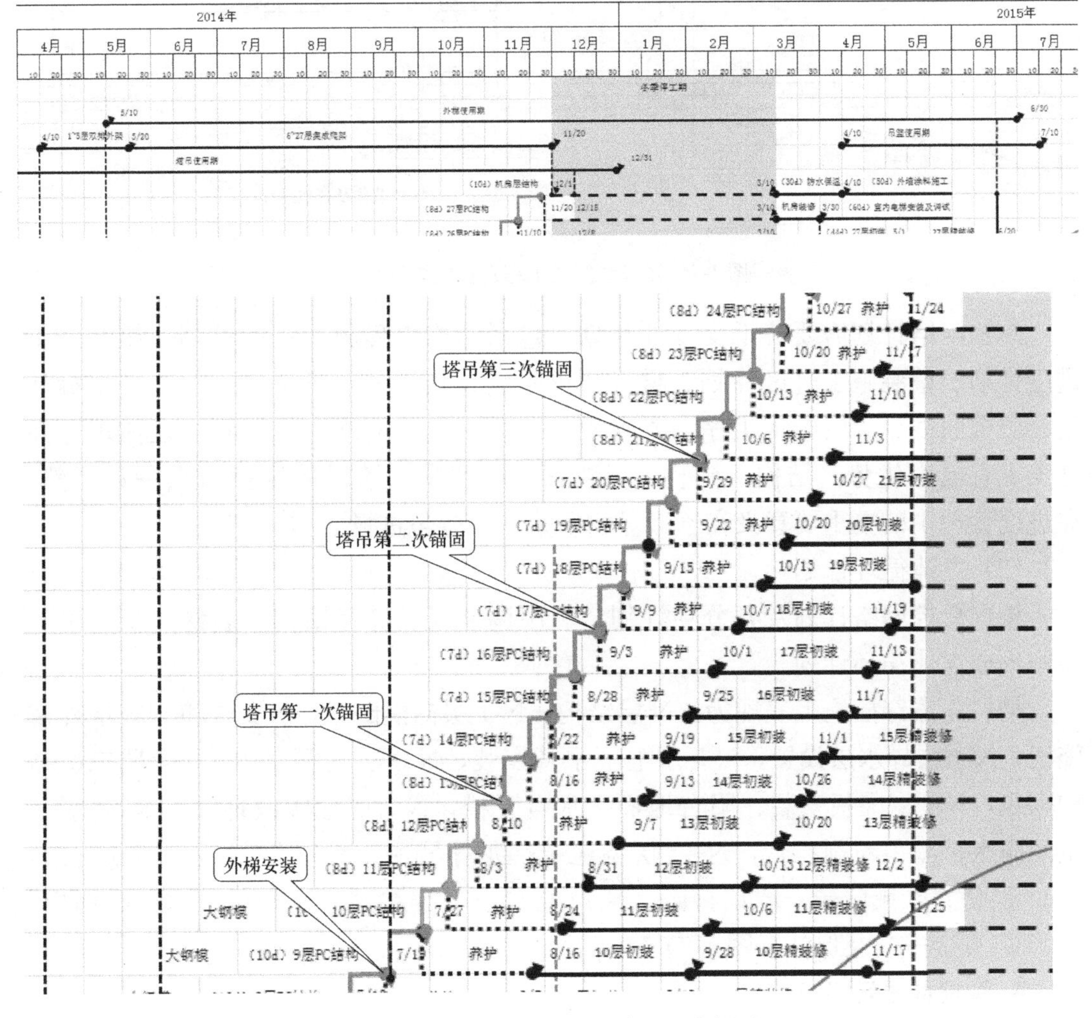

图 1-6　××装配式工程工序施工穿插图

(1) 总控网络计划

根据总工期要求及结构、初装、精装工期形成总控网络计划(图 1-7)。

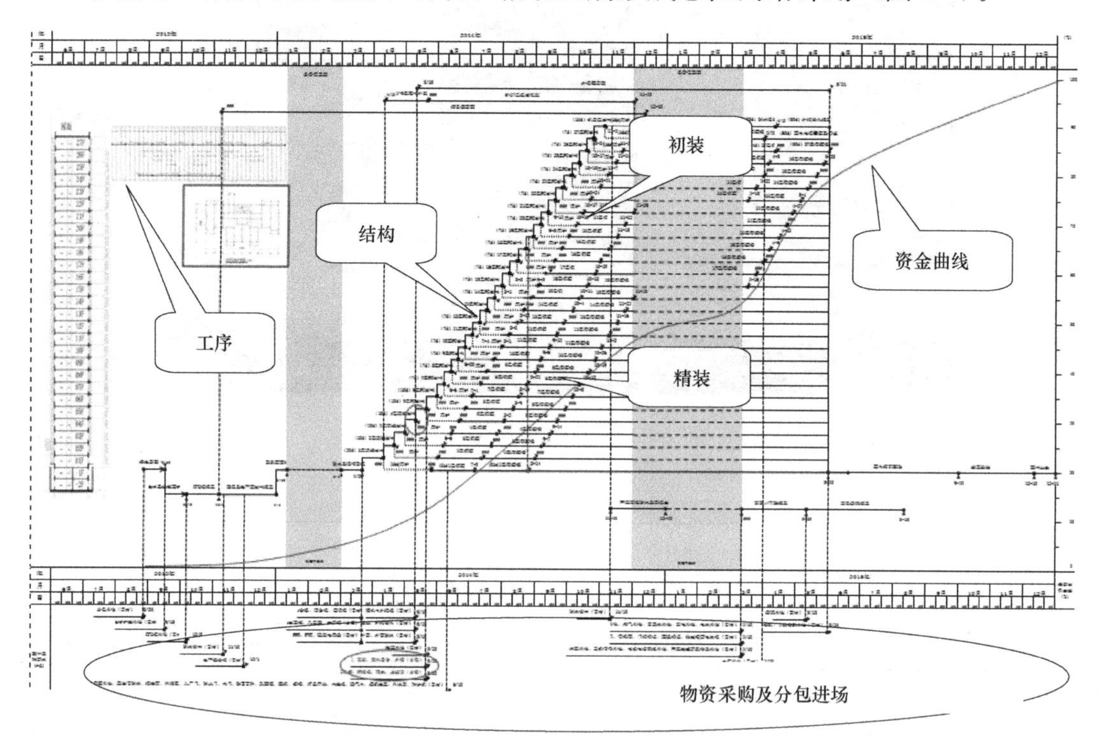

图 1-7 ××装配式工程总控网络计划

总控网络计划需要若干支撑性计划,包括结构工程施工进度计划、粗装施工进度计划、精装施工进度计划、材料物资采购计划、分包进场计划、设备安拆计划、资金曲线、单层施工工序、流水段划分等。这种网络总控计划,在体现穿插施工上有极大优势。结构—初装—精装三大主要施工阶段的穿插节点一目了然。在进度管理中的更重要意义在于指导物资采购及分包进场。

(2) 立体循环计划

根据总控网络计划及各分项计划,利用调整人员满足结构、装修同步施工的原则形成立体循环计划。

楼层立体穿插施工表现为:N 层结构,N-1 层铝模倒运,N-2 层和 N-3 层外檐施工,N-4 层导水层设置,N-5 层上下水管安装,N-6 层主框安装,N-7 层二次结构砌筑,N-8 层隔板安装、阳台地面、水电开槽,N-9 层地暖及地面,N-10 层卫生间防水、墙顶粉刷石膏,N-11 层墙地砖、龙骨吊顶,N-12 层封板、墙顶刮白,N-13 层公共区域墙砖、墙顶打磨,N-14 层墙顶二遍涂料、木地板、木门、橱柜,N-15 层五金安装及保洁(图 1-8)。

4. 构配件进场组织

构件进场计划是产业化施工与常规施工相比的不同之处,但是其本质上与常规施

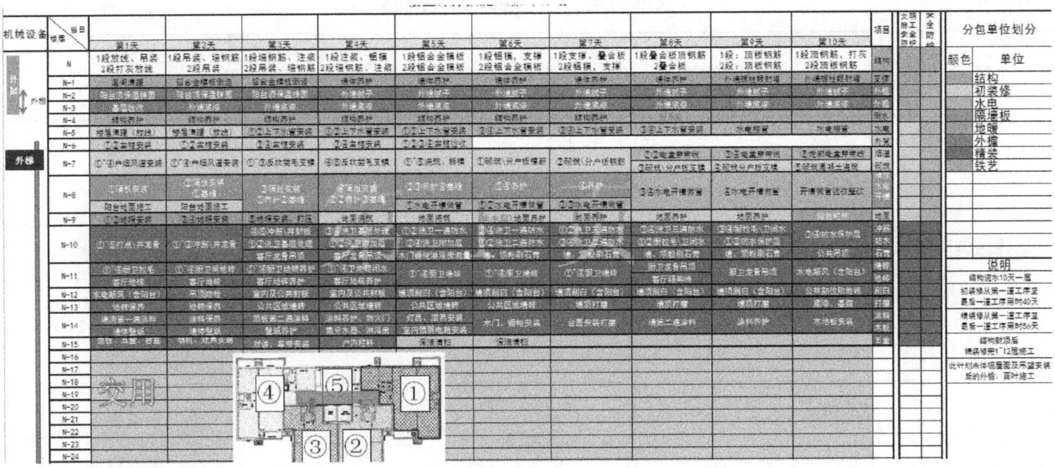

图 1-8　××装配式工程整体穿插施工循环计划

工的大宗材料进场计划相同。在结构总工期确定以后，构件进场计划就能完成。与之同步完成的还有构件存放场地的布置以及装配式特制构配件进场计划。图示计划仅作为总控计划的配套参考型计划。到工程实施阶段，应根据实际进度及与构件厂沟通情况，编制细化到进场时点和整层各类构件规格的实操型进场计划（表 1-12、表 1-13）。

××装配式工程预制构件进场计划表　　**表 1-12**

部位	墙体		楼梯及隔墙		其他竖向构件		叠合板		阳台板及悬挑板	
	进场日期	数量	进场日期	数量	进场日期	数量	进场日期	数量	进场日期	数量
7 层	5 月 25 日	35	5 月 20 日	4	5 月 25 日	9	5 月 25 日	46	5 月 25 日	11
8 层	6 月 5 日	35	5 月 30 日	4	6 月 5 日	9	6 月 5 日	46	6 月 5 日	11
9 层	6 月 15 日	35	6 月 10 日	4	6 月 15 日	9	6 月 15 日	46	6 月 15 日	11
10 层	6 月 22 日	35	6 月 17 日	4	6 月 22 日	9	6 月 22 日	46	6 月 22 日	11
11 层	6 月 29 日	35	6 月 24 日	4	6 月 29 日	9	6 月 29 日	46	6 月 29 日	11
12 层	7 月 6 日	35	7 月 1 日	4	7 月 6 日	9	7 月 6 日	46	7 月 6 日	11
13 层	7 月 13 日	35	7 月 8 日	4	7 月 13 日	9	7 月 13 日	46	7 月 13 日	11
14 层	7 月 20 日	35	7 月 15 日	4	7 月 20 日	9	7 月 20 日	46	7 月 20 日	11
15 层	7 月 27 日	35	7 月 22 日	4	7 月 27 日	9	7 月 27 日	46	7 月 27 日	11
16 层	8 月 3 日	35	7 月 29 日	4	8 月 3 日	9	8 月 3 日	46	8 月 3 日	11
17 层	8 月 10 日	35	8 月 5 日	4	8 月 10 日	9	8 月 10 日	46	8 月 10 日	11
18 层	8 月 17 日	35	8 月 12 日	4	8 月 17 日	9	8 月 17 日	46	8 月 17 日	11
19 层	8 月 24 日	35	8 月 19 日	4	8 月 24 日	9	8 月 24 日	46	8 月 24 日	11
20 层	8 月 31 日	35	8 月 26 日	4	8 月 31 日	9	8 月 31 日	46	8 月 31 日	11
21 层	9 月 7 日	35	9 月 2 日	4	9 月 7 日	9	9 月 7 日	46	9 月 7 日	11
22 层	9 月 14 日	35	9 月 9 日	4	9 月 14 日	11	9 月 14 日	46	9 月 14 日	11
23 层	9 月 21 日	35	9 月 16 日	4	9 月 21 日	11	9 月 21 日	46	9 月 21 日	11
24 层	9 月 28 日	35	9 月 23 日	4	9 月 28 日	11	9 月 28 日	46	9 月 28 日	11
25 层	10 月 5 日	35	9 月 30 日	4	10 月 5 日	11	10 月 5 日	46	10 月 5 日	11
26 层	10 月 12 日	35	10 月 7 日	4	10 月 12 日	11	10 月 12 日	46	10 月 12 日	12
27 层	10 月 19 日	35	10 月 14 日	4	10 月 19 日	9	10 月 19 日	46	10 月 19 日	9
			10 月 21 日							

××装配式工程配件进场计划表　　表 1-13

工序	配件名称	规格	数量	进场时间		备注
				绝对日期	相对日期	
墙体支撑	斜支撑		252			整层
	钢垫片		252			整层
墙体吊装	定位钢板		126			整层
注浆	橡塑棉	m	98			整层
	堵头	个	584			整层
	灌浆料	kg	700			整层
	坐浆料	kg	16			整层
顶板	圈边龙骨	m	297			整层
	圈边龙骨螺栓	个	149			整层
	独立支撑	个	416			按 2 层配

5. 资金曲线

在项目资金流层面上形成了由时间轴和施工内容节点组成的资金曲线（图 1-9）。横坐标是时间，纵坐标是资金使用百分比，形成一条累积曲线。

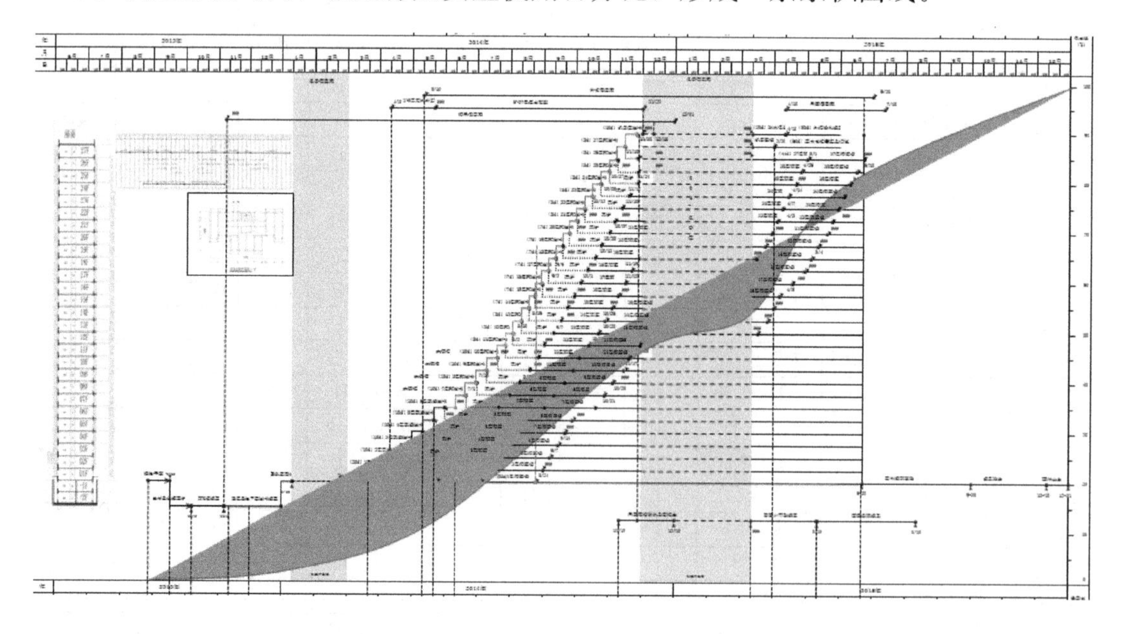

图 1-9　××装配式工程资金曲线图

曲线坡度陡的区段说明资金投入百分比增长快，曲线显示整个结构施工阶段坡度最陡。通过具体施工任务的实施，反馈到具体时间点，形成“月、季度、年度”的资金需求。这条曲线，从甲方角度来看，是工程款支付的比例和程度，在曲线坡度变陡之前，应准备充足的资金，保证工程正常运转；从施工方来看，是每月完成形象部位所对应的产值报量收入数。这个收入数又分为产值核算和工程款收入两个角度。形成的总控网络，以确定的时间节点和部署好的施工内容为基础，计算出相应资金使用需求，资金需求与时点一一对应。

四、劳动力组织管理

1. 劳动力组织管理

施工单位根据工程量及流水施工需求分别制定地基与基础阶段、主体结构阶段、装修阶段的劳动力需求计划。制定劳动力需求计划时应注意协调穿插施工时的劳动力。劳动力工种除传统现浇工艺所需工种外（包含钢筋工、木工、混凝土工、防水工等，根据工程装配式程度配置相应数量），尚需配备构件吊装工、灌浆工等技术工种。

2. 构件管理员组织管理

根据装配式建筑工程规模及施工特点，施工现场应设置构件管理员负责施工现场构件的收发、堆放、储存管理工作。为确保构件使用及安装的准确性，防止构件装配出现错装、误装或难以区分构件等情况，施工单位宜设置专职构件管理员。构件管理员应根据现场构件进场情况建立现场构件台账，进行构件收、发、储等环节的管理。构件进场后应分类堆放，防止装配过程出现错装、误装等情况。施工单位应根据装配式建筑工程的施工技术特点，对构件管理员进行专项业务培训。

3. 吊装工组织管理

装配式建筑工程施工中，由于构件体型重大，需要进行大量的吊装作业，吊装作业的效率将直接影响工程的施工进度，吊装作业的安全将直接影响到施工现场的安全文明施工管理。吊装作业班组一般由班组长、吊装工、测量工、信号工等组成，班组人员数量根据吊装作业量确定，通常 1 台塔吊配备 1 个吊装作业班组。吊装工序施工作业前，应对吊装工进行专门的吊装作业安全意识培训，确保构件吊装作业安全。

4. 灌浆工组织管理

装配式建筑工程施工中，灌浆作业的施工质量将直接影响工程的结构安全，要求班组人员配合默契。灌浆作业班组每组应不少于 4 人，1 人负责注浆作业，1 人负责灌浆溢流孔封堵工作，2 人负责调浆工作。灌浆作业施工前，应对工人进行专门的灌浆作业技能培训，模拟现场灌浆施工作业流程，提高注浆工人的质量意识和业务技能，确保构件灌浆作业的施工质量。

五、材料、预制构件组织管理

1. 材料、预制构件管理要求

（1）根据装配式建筑工程所需的构件数量及构件型号，施工单位提前通知构件厂家根据施工总进度计划编制预制构件生产计划以及预制构件进场计划，并且严格按照计划执行。

（2）装配式建筑工程施工中涉及的材料规格、品种、型号以及质量标准必须满足设计图纸以及相关规范、标准、文件的要求，需要进行复试的材料应提前进场取样送检，确保后续施工的顺利进行。

（3）预制构件生产厂家应提供构件的质量合格证明文件及试验报告，并配合施工单位按照设计图纸、规范、标准、文件的要求进行进场验收及材料复试工作，预制构件应进行结构性能检验，结构性能检验不合格的预制构件不得投入使用。

（4）预制构件厂家应对不同部位、不同规格的预制构件进行编号管理，防止出现错装、误装等情况，构件进场后应分类码放。预制构件应在明显部位标明生产单位、构件型号、生产日期和质量验收标志。构件上的预埋件、插筋和预留孔洞的规格、位置和数量应符合设计图纸及相关规范要求。

2. 材料、预制构件进场检验

（1）预制构件进入现场后由项目部材料部门组织有关人员进行验收，进场材料质量验收前应全数检查出厂合格证及相关质量证明文件，确保产品符合设计及相关技术标准要求，同时检查预制构件明显部位是否标明生产单位、项目名称、构件型号、生产日期、安装方向及质量合格标志。

（2）为保证预制构件不存在有影响结构性能和安装、使用功能的尺寸偏差，在材料进场验收时应利用检测工具对预制构件尺寸项进行全数、逐一检查；同时在预制构件进场后对其受力构件进行受力检测。

（3）为保证工程质量，在预制构件进场验收时对其包括吊装预留吊环、预留栓接孔、灌浆套筒、电气预埋管、盒等外观质量进行全数检查，对检查出存在外观质量问题预制构件，可修复且不影响使用及结构安全的，按照专项技术处理方案进行处理，其余不得进场使用。

（4）为强化进厂检验，保证工程质量所有预制构件，在卸车前或卸车中对构件进行逐项检查，逐项验收，项目部组织人员由不同部门（现场工长、水电工长、材料负责人、质检员）进行签证验收，发现不合格品一概不得使用，并进行退场处理。

3. 材料、预制构件运输管理

（1）预制构件运输应采用预制构件专用运输车，设置运输稳定专用固定支架，确保构件在运输过程中稳定可靠。

（2）预制水平构件宜采用平放运输，预制竖向构件宜采用专用支架竖直靠放运输，专用支架上预制构件应对称放置，构件与支架交接部位应设置柔性材料，防止运输过程中构件损伤。

（3）构件运输时的支撑点应与吊点在同一竖直线上，支撑必须坚实牢固。

（4）运载易倾覆的预制构件时，必须用斜撑牢固地支撑在梁腹上，确保构建运输过程中安全稳固。

（5）构件装车后应对其牢固程度进行检查，确保稳定牢固后，方可进行运输。运输距离较长时，途中应检查构件稳固状况，发现松动情况必须停车采取加固措施，确保构件牢固稳定后方可继续运载。

4. 材料、预制构件成品保护管理

（1）预制构件在运输、堆放、安装施工过程中及装配后应做好成品保护，成品保护应采取包、裹、盖、遮等有效措施。预制构件堆放处 2m 内不应进行电焊、气焊作业。

（2）构件运输过程中一定要匀速行驶，严禁超速、猛拐和急刹车。车上应设有专用架，且需有可靠的稳定构件措施，用钢丝带加紧固器绑牢，以防运输受损。

（3）所有构件出厂应覆一层塑料薄膜，到现场及吊装时不得撕掉。

（4）预制构件吊装时，起吊、回转、就位与调整各阶段应有可靠的操作与防护措施，以防预制构件发生碰撞扭转与变形。预制楼梯起吊、运输、码放和翻身必须注意平衡，轻起轻放，防止碰撞，保护好楼梯阴阳角。

（5）预制楼梯安装完毕后，利用废旧模板制作护角，对楼梯阳角进行保护，避免装修阶段损坏。

（6）预制阳台板、防火板、装饰板安装完毕时，阳角部位利用废旧模板制作护角。

（7）预制外墙板安装完毕，与现浇部位连接处做好模板接缝处的封堵，采用海绵条进行封堵。避免浇灌混凝土时水泥砂浆从模板的接缝处漏出对外墙饰面造成污染。

（8）预制外墙板安装完毕后，墙板内预置的门、窗框应用槽型木框保护。

六、机械设备管理

1. 预制构件的吊装采用塔式起重机。塔式起重机选择应考虑工程规模、吊次需求、覆盖面积、起重能力等多方面因素。根据最重构件位置、最远构件重量、卸料场区、构件存放场地位置综合考虑，确定塔式起重机型号以及位置，还应考虑群塔作业的影响。

2. 根据结构形状、场地情况、施工流水情况进行塔式起重机布置，与全现浇结构施工相比，装配式结构施工前更应注意对塔式起重机的型号、位置、回转半径的策划，根据栋号所在位置与周边道路、卸车区、存放区位置关系，结合最重构件安装位置、存放位置来确定，以满足装配式结构施工需要。

七、施工现场管理

1. 施工现场平面布置管理

现场平面布置应充分考虑大门位置、场外道路、大型机械布置、构件堆放场布置、构件装卸点布置、临时加工场布置、内部临时道路布置、临时房屋布置、临时税点管网布置等设计要点。

（1）设置大门，引入场外道路

施工现场宜考虑设置两个以上大门。大门应考虑周边路网情况、道路转弯半径和坡度限制，大门的高度和宽度应满足大型构件运输车辆通行要求。施工单位要对预制构件从构件厂至施工现场的运输道路进行全面考察和实地踏勘，充分考虑道路宽度、转弯半径、路基强度、桥梁限高、限重等因素，合理安排运输路线，确保构件运输路线合理，且符合道路交通相关法律法规要求。

（2）大型机械设备布置

塔式起重机布置时，应充分考虑塔臂覆盖范围、塔式起重机端部吊装能力、单体预制构件的质量、预制构件的运输、堆放和构件装配施工（图 1-10）。根据结构形状、场地情况、施工流水情况进行塔式起重机布置，如考虑群塔作业，尽可能使塔式起重机所担任的吊运作业区域大致相当；充分考虑构件最大重量、构件

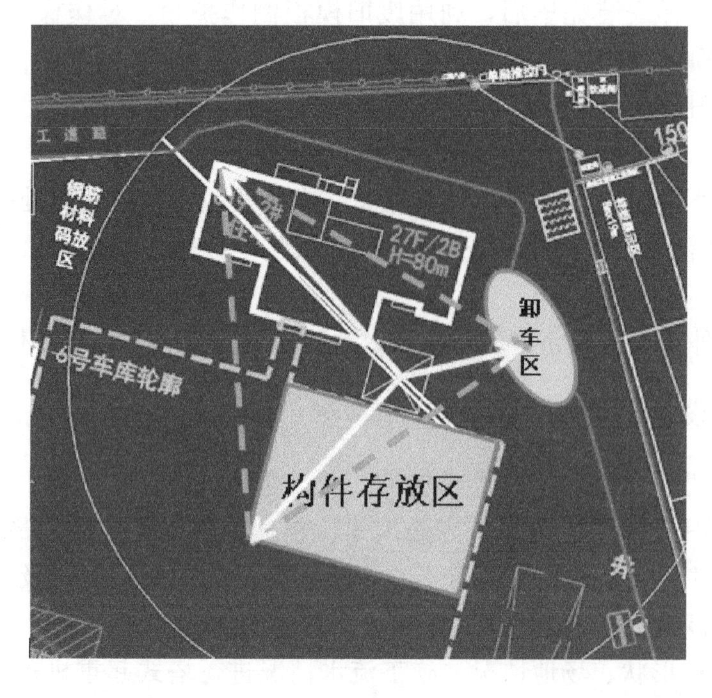

图 1-10　塔式起重机位置及作业范围示意图

存放、安装位置等，合理选择塔吊型号；如需进行锚固，塔吊锚固位置应尽量选择在主体结构现浇节点位置。

（3）构件堆放场布置

预制构件存放场地应对构件重量、塔吊有效吊重、场地运输条件进行综合考量；存放场地应选择在塔吊一侧，避免隔楼吊装作业；构件存放场地大小根据流水段划分情况、构件尺寸、数量等因素确定；构件存放场地应平整、坚实，且有足够的地基承载力，并应有排水措施；构件存放场区应进行封闭管理，做明显标识及安全警示，严禁无关人员进入。

（4）运输构件车辆装卸点布置

为防止因运输车辆长时间停留影响现场内道路的畅通，阻碍现场其他工序的正常作业施工，装卸点应在塔式起重机或起重设备的塔臂覆盖范围之内，且不宜设置在道路上。

（5）内部临时运输道路布置

施工现场内道路规划应充分考虑现场周边环境影响，附近建筑物情况、地下管线构筑物情况、高压线、高架线等影响构件运输、吊装工作的因素，现场临时道路宽度、坡度、地基情况、转弯半径均应满足起重设备、构配件运输要求，并预先考虑卸料吊装区域，场区内车辆交汇、掉头等问题。

施工现场道路应按照永久道路和临时道路相结合的原则布置。施工现场内宜形成环形道路，减少道路占用土地。施工现场的主要道路必须进行硬化处理，主干道应有排水措施。临时道路要把仓库、加工场、构件堆放场和施工点贯穿起来，按货运量大小设计双行干道或单行循环道满足运输和消防要求，主干道宽度不小于6m。构件堆放场端头处应有12m×12m车场，消防车道宽度不小于4m，构件运输车辆转弯半径不宜小于15m。

2. 施工现场构件堆场布置（图1-11）

（1）构件堆场布置原则

1）构件堆放区宜环绕或沿建（构）筑物纵向布置，其纵向宜与通行道路平行布置，构件布置宜遵循“先用靠外，后用靠里，分类依次，并列放置”的原则。

2）预制构件应按规格型号、出厂日期、使用部位、吊装顺序分类存放，且应标识清晰。

3）不同类型构件之间应留有不少于0.9～1.2m的人行通道，预制构件装卸、吊装工作范围内不应有障碍物，并应有满足预制构件吊装、运输、作业、周转工作的场地。

4）预制混凝土构件与刚性搁置点之间应设置柔性垫片，防止损伤成品构件；为便于后期吊运作业，预埋吊环宜向上，标识向外。

5）对于易损伤、污染的预制构件，应采取合理的防潮、防雨、防边角损伤措

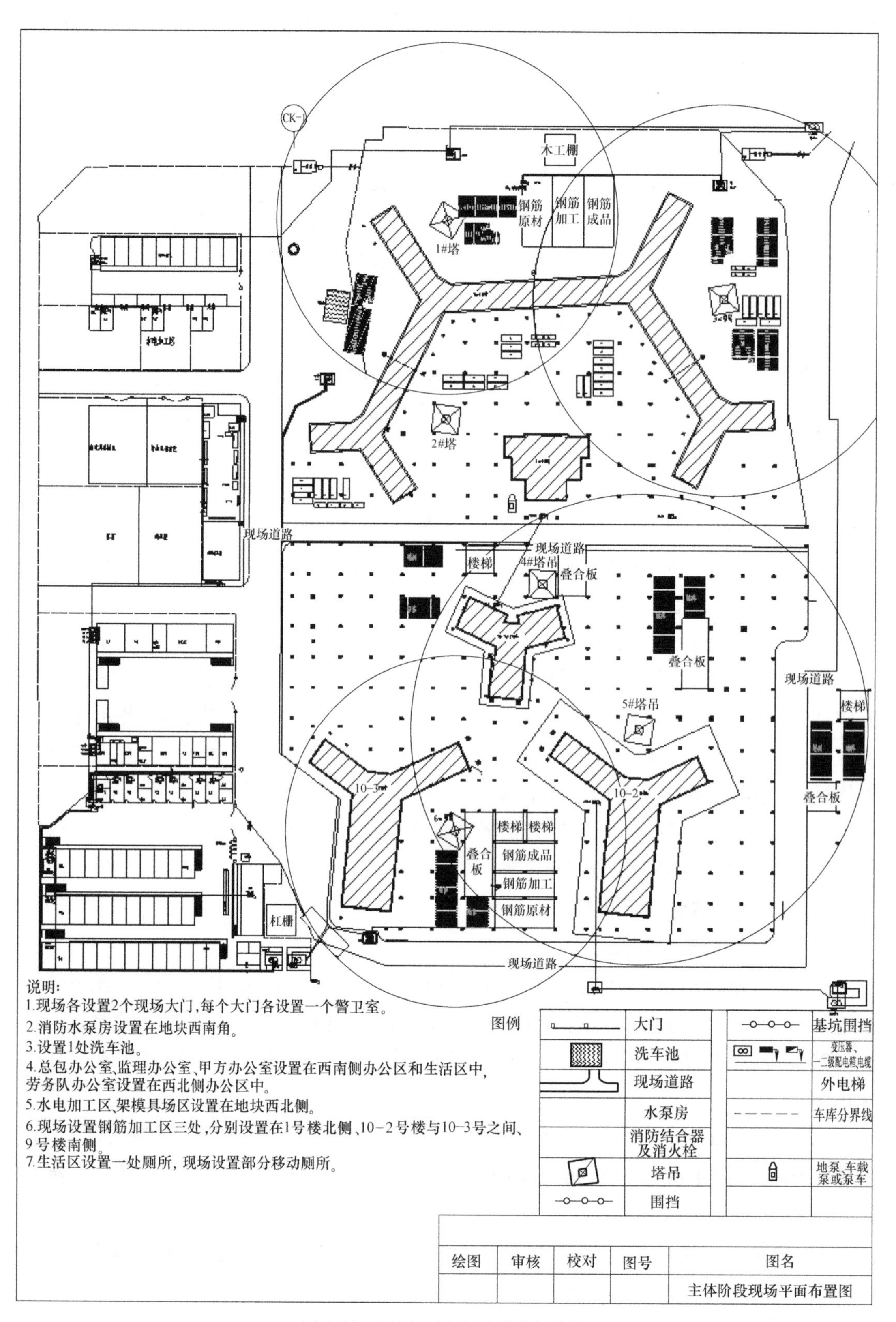

图 1-11　××工程现场平面布置图

施。构件与构件之间应采用垫木支撑，保证构件之间留有不小于200mm的间隙。垫木应对称合理放置且表面应覆盖塑料薄膜。

（2）预制构件存放

1）预制墙板构件

预制墙板根据受力特点和构件特点，宜采用专用支架对称插放或靠放，支架应有足够的刚度并支垫稳固。预制墙板宜饰面朝外，与地面之间的倾斜角不宜小于80°。

2）预制板类构件

预制板类构件可采用叠放方式存放，其叠放高度应按构件强度、地面耐压力、垫木强度以及堆垛的稳定性来确定，构件层与层之间应垫平、垫实，各层支垫应上下对齐，最下面一层支垫应通长设置，楼板、阳台板预制构件储存宜平放，采用专用存放支架。预应力混凝土叠合板的预制带肋底板应采用板肋朝上叠放的堆放方式，严禁倒置，各层预制带肋底板下部应设置垫木，垫木应上下对齐，不得脱空，并应有稳固措施。吊环向上，标识向外。

叠合板存放：每组竖向最多码放5块；支点应与吊点同位；最下面一道应通长设置；避免不同种类一同码放，支点位置不同会造成叠合板裂缝（图1-12）。

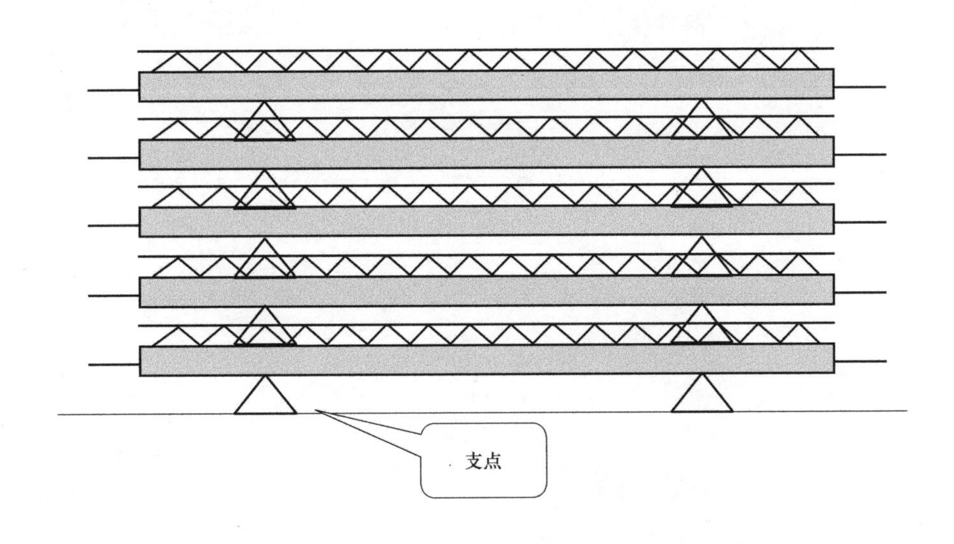

图1-12 叠合板存放示意图

预制楼梯存放：楼梯竖向最多码放4块；支点为两个，支点与吊点同位；支点木方高度考虑起吊角度；楼梯到场后立即成品保护；起吊时防止端头磕碰；起吊角度大于安装角度1°～2°（图1-13）。

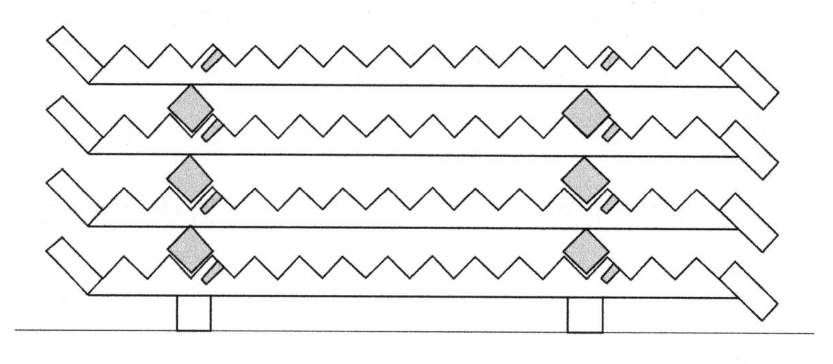

图 1-13 预制楼梯存放示意图

第二章　施工技术管理

一、施工组织设计及专项方案编制

1. 施工单位应根据工程特点及装配式工程要求，单独编制单位工程施工组织设计，施工组织设计中应制定各专项施工方案编制计划，由施工单位技术负责人审批。施工单位项目经理组织管理人员、操作人员进行交底。除常规要求的专项方案外，还应单独编制吊装工程专项方案、灌浆工程专项方案、预制构件存放架专项方案等有针对性的专项施工方案。

2. 施工方案中应包含针对施工重点难点的解决方案及管理措施，明确技术方法。

3. 预制构件安装施工前，应按设计要求和专项施工方案对各种情况进行必要的安装施工验算。

4. 预制构件的损伤部位修补应制定专项方案并应经原设计单位认可后执行。

二、深化设计

1. 深化设计的目的

设计者在设计工业化建筑的时候，会从结构安全性、建筑美观性及使用功能方面考虑工业化建筑的构件设计，但不会或很少考虑构件在施工方面的需求。深化设计就是为了便于施工，满足预制构件在生产、吊装、安装等方面需求所做的一项辅助设计工作。深化设计的目的是实现设计者的最终意图，让设计方案具有更好的可实施性。

2. 深化设计的流程

从业主、设计的最初角度出发，添加参建各方的施工需求，最终形成深化设计图纸。

3. 深化设计的项目

针对预制外墙板、预制内墙板、预制叠合板、预制空调板、预制阳台板、预制楼梯、预制楼梯隔墙板、预制装饰挂板、PCF 板、预制分户板、预制女儿墙等预制构件，从施工图纸、预埋预留、配件工具、水电配合及施工措施角度出发，对构件进行深化设计。

（1）施工图纸深化设计（图 2-1）

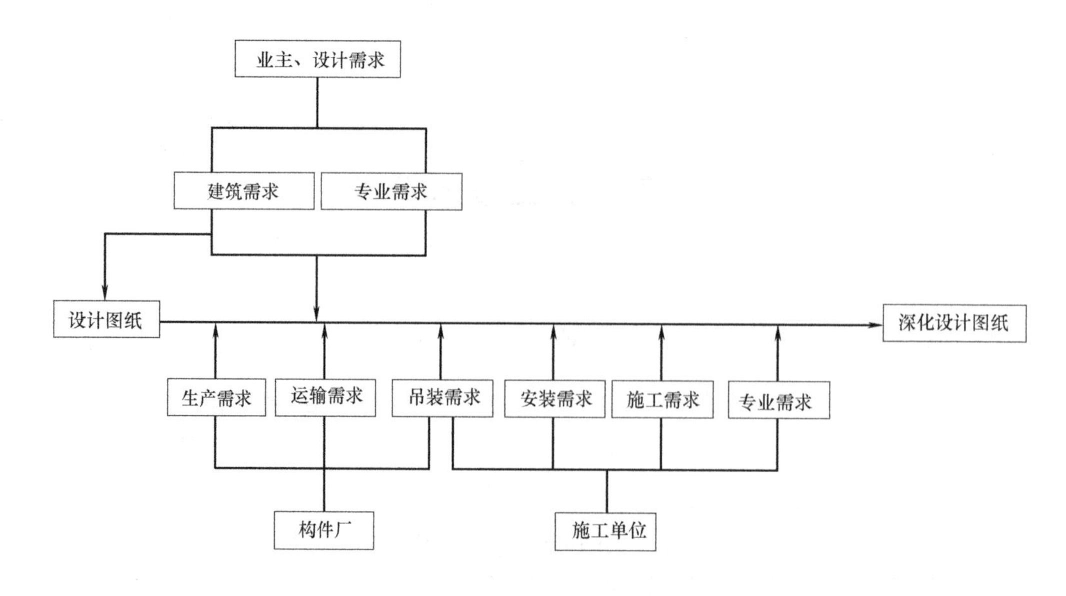

图 2-1 深化设计流程图

施工单位应联系设计单位、构件生产单位对预制构件进行深化设计，深化设计方案应经原设计单位审核确认。

深化设计内容应包括：预制构件中的水电预留、预埋设计；预制构件中水电设备的综合布线设计；预制构件的连接节点构造；预制构件的吊装工具或配件的设计和验算；预制构件与现浇节点模板连接的构造设计；预制构件的支撑体系受力验算；大型机械及工具式脚手架与结构的连接固定点的设计及受力验算；构件各种工况的安装施工验算。

（2）预留预埋深化设计（图 2-2）

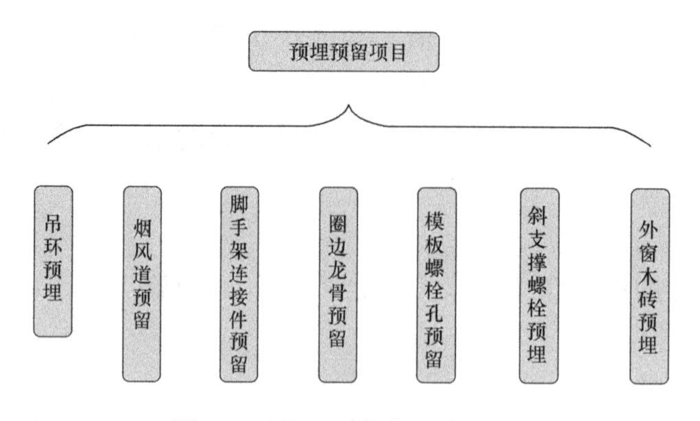

图 2-2 预留预埋深化设计项目

1）吊环预埋深化设计

预制构件预埋吊环应根据构件类型、受力计算确定吊环位置和吊环规格。通过设计核算受力，可利用叠合板上的桁架筋代替原有叠合板上单独设立的吊环，这样可以在生产叠合板时减少一道预埋吊环的工序，同时也可省掉吊环的材料成本（图 2-3、图 2-4）。

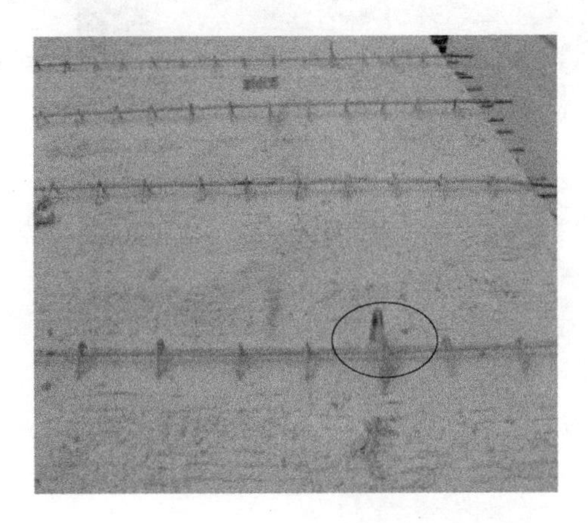

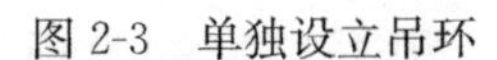

图 2-3　单独设立吊环

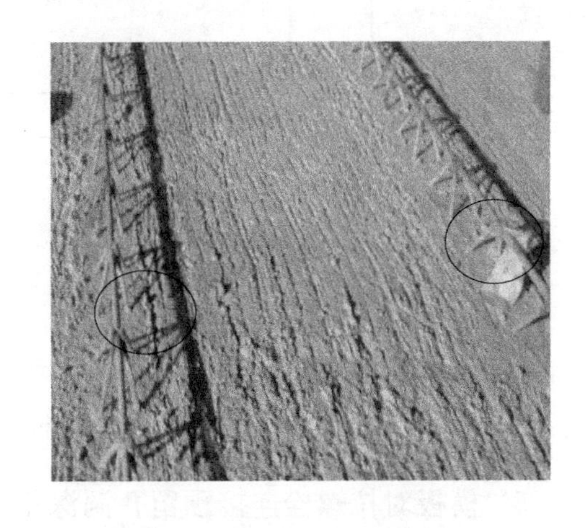

图 2-4　利用桁架筋取代吊钩

2）烟风道孔洞预留深化设计

烟风道在叠合板上的预留洞口尺寸要比烟风道的外轮廓尺寸大 5cm 以上，以便于安装（图 2-5）。

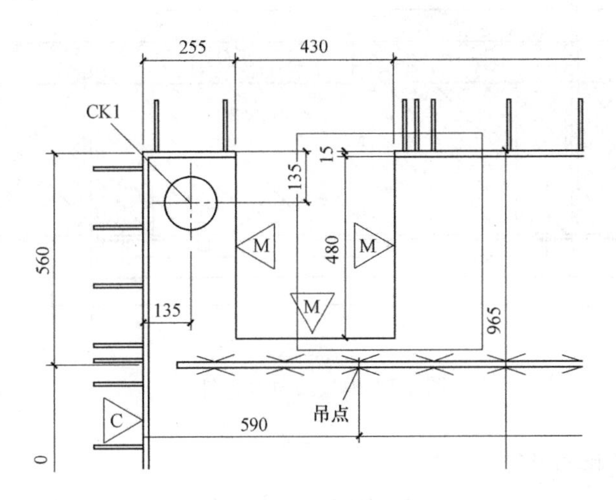

图 2-5　烟风道预留洞口示意图

3）脚手架及塔吊连接件预留孔洞深化设计

在预留孔洞深化设计过程中，需要与设计、脚手架及塔吊厂家协商，解决预制外墙受力问题、预留孔洞位置准确、预留孔洞与墙体内钢筋或其他专业预留预埋冲突等问题。

4）墙顶圈边预留洞深化设计

预制墙体与预制叠合板搭接处存在 5cm 高差（图中云线所圈），利用对拉螺栓及木质圈边龙骨做模板浇筑此部分混凝土，圈边龙骨螺栓的间距及模板通过计算后确定，进行深化（图 2-6）。

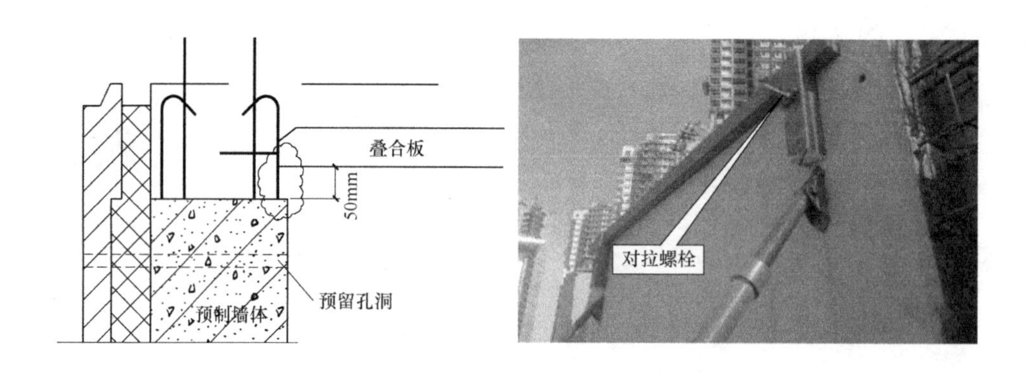

图 2-6　圈边龙骨施工示意图

5）模板对拉螺栓连接预留孔洞深化设计

预制墙体之间的现浇结构模板对拉螺栓孔洞预留，根据厂家的模板施工方案，确定模板对拉螺栓孔洞的位置及直径后，对图纸进行深化，在构件厂进行预留工作（图 2-7）。

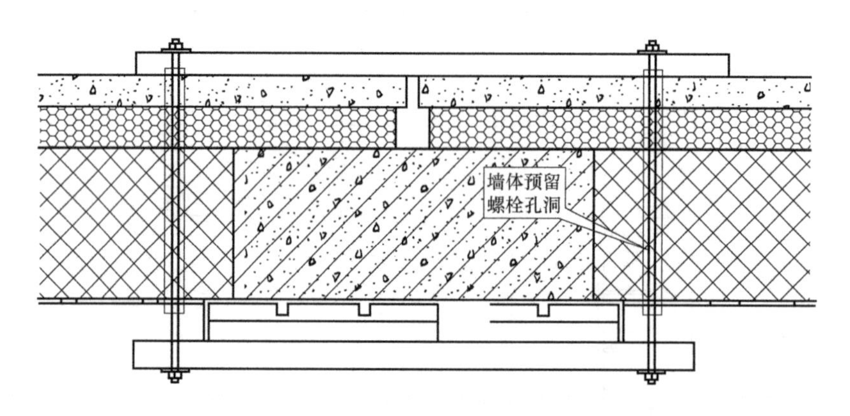

图 2-7　模板加固示意图

6）斜支撑预埋螺栓深化设计

预制墙体均有 4 道斜支撑的套筒需要留置在墙体内，套筒长度 80mm，内径 20mm，由专业厂家将斜支撑平面布置提供给设计院，设计人员负责进行复核（图 2-8）。

7）外窗木砖深化设计

预制外墙窗口不需安装副框，采用外窗主框与墙体内预埋木砖直接连接的方法固定主框，无论是在浇筑混凝土时还是在安装外窗主框后，确保木砖的预埋后牢固都是深化设计的重点（图 2-9）。

（3）装配工具深化设计

装配式施工中，构件的吊具、连接件、固定件及辅助工具众多，合理设计优化配件工具，可大大提升装配式施工的质量及速度。

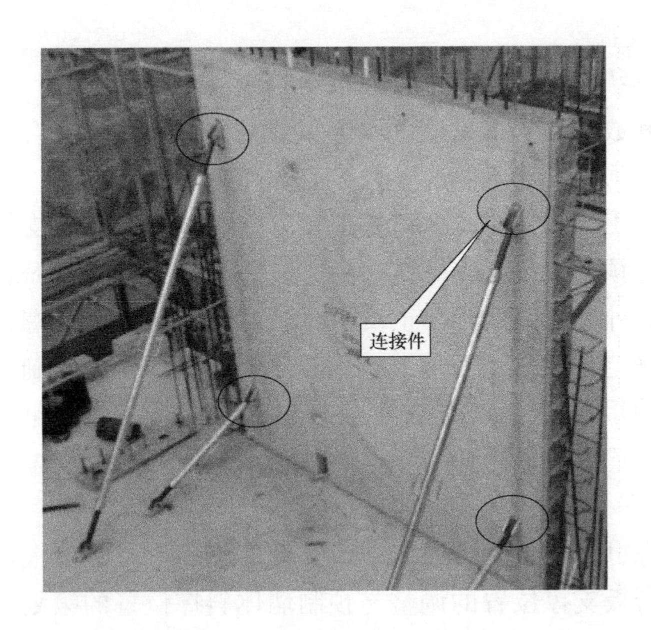

图 2-8　预制墙体斜支撑示意图

图 2-9　木砖固定示意图

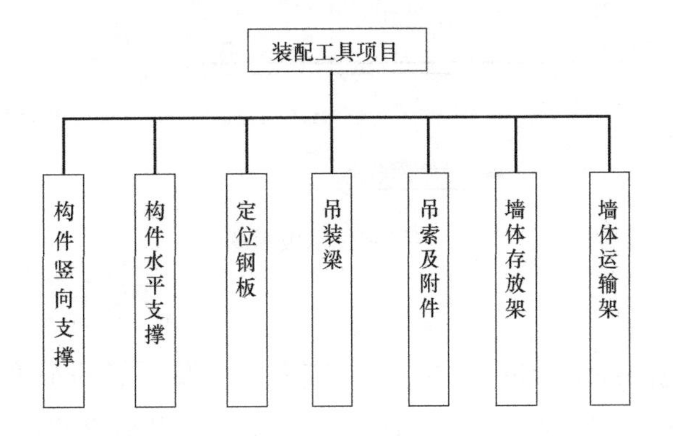

图 2-10　装配工具深化设计项目

1）竖向构件支撑

应根据构件形状、尺寸以及重量，根据相应规范进行计算，确定支撑规格尺寸以及支撑位置和数量。支撑支座的固定需要在预制墙体和叠合板内预埋套筒或螺母，预埋位置必须与设计单位进行沟通后确定。

预制构件安装工具选用工具式可调节钢管支撑就位，通过支撑杆调节保证预制构件安装质量。预制墙板斜支撑结构由支撑杆与U形卡座组成。其中，支撑杆由正反调节丝杆、外套管、手把、正反螺母、高强销轴、固定螺栓组成，调节长度根据布置方案确定，然后定型加工。该支撑体系用于承受预制墙板的侧向荷载和调整预制墙板的垂直度。施工前应对斜支撑支座位置进行详细设计，并在顶板和预制墙体相应位置预埋螺栓套筒。

2）水平构件支撑

水平构件支撑可采用独立支撑体系，支撑系统的选择必须根据相应规范进行计算。通过对叠合板支撑位置的调整与预制墙体斜撑位置的策划，确保顶板支撑与墙体斜撑互不影响，保证施工顺利进行。支撑系统由工字梁、梁托座、独立钢支柱和稳定三脚架组成。

3）定位钢板

钢筋定位钢板是保证预留钢筋位置准确的重要措施。在施工前，需要针对每个类型预制墙体伸入灌浆套筒内钢筋的具体位置，进行定位钢板的设计加工制作，并编号管理，确保钢筋位置正确（图2-11）。

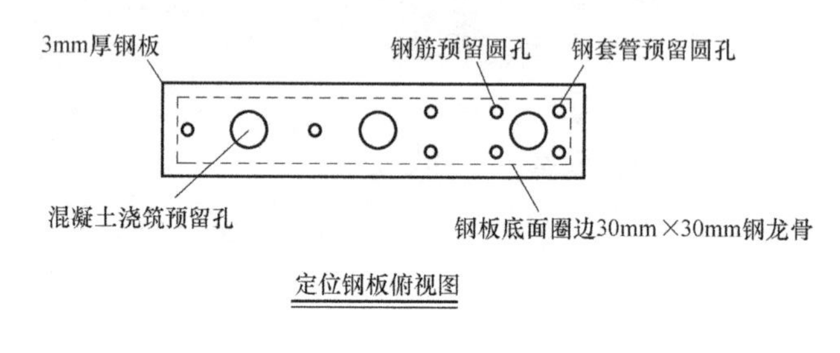

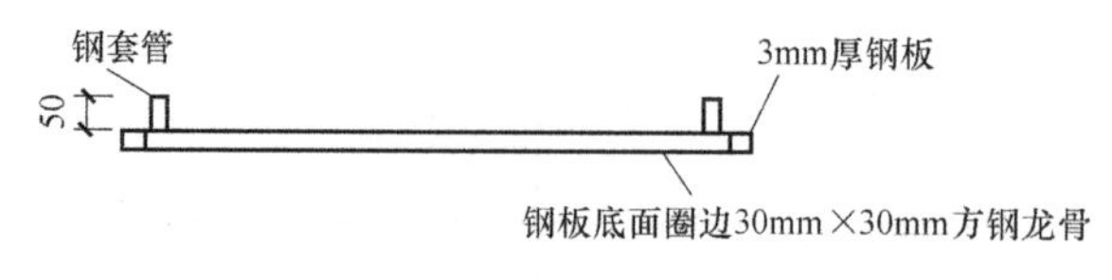

图2-11 定位钢板示意图

4）吊装梁

吊装梁是为避免构件吊装过程中构件的应力集中及可能的水平分力导致的构件旋转问题而采用的吊具，吊装时尽量保证连接吊环或者高强螺栓的钢丝绳处于竖直状态。吊装梁作为吊钩与构件之间的连接吊具，可以改变钢丝绳吊装时的受力方向（吊索水平夹角不小于 60°)，从而确保预制构件吊装时钢丝绳处于最佳受力状态（图 2-12)。

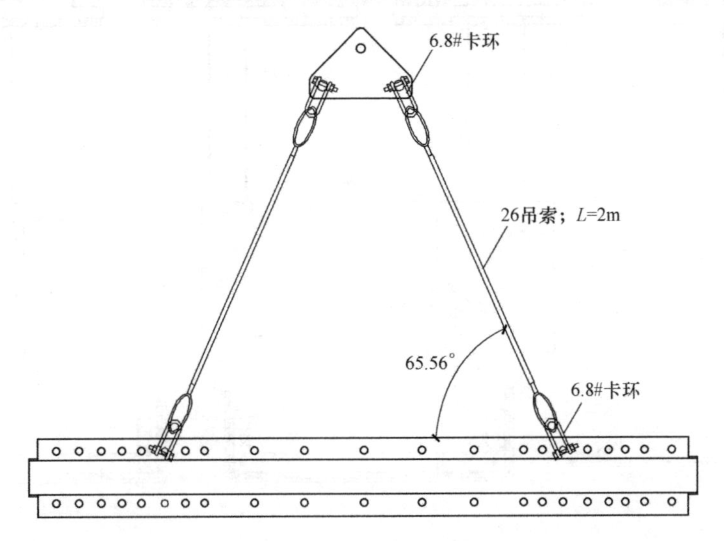

图 2-12　吊装梁示意图

吊装梁根据各类预制构件吊点尺寸定制。在预制构件吊点设计中尽量选择同尺寸或同模数关系的吊点位置，以便现场施工。不同构件对应钢梁上不同孔位进行吊装（图 2-13～图 2-18)。

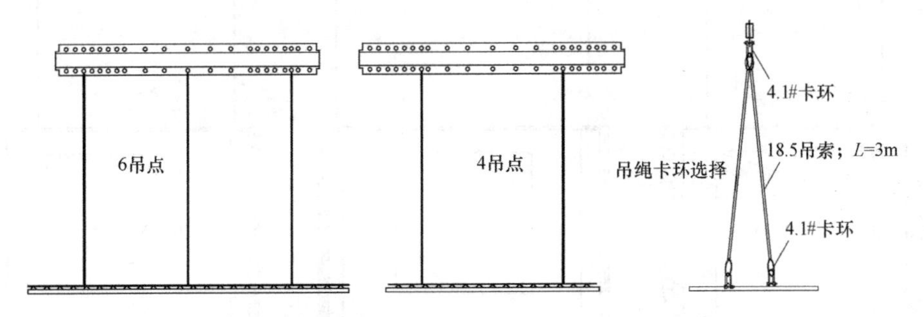

图 2-13　叠合板吊装示意图

图 2-14　叠合板吊装

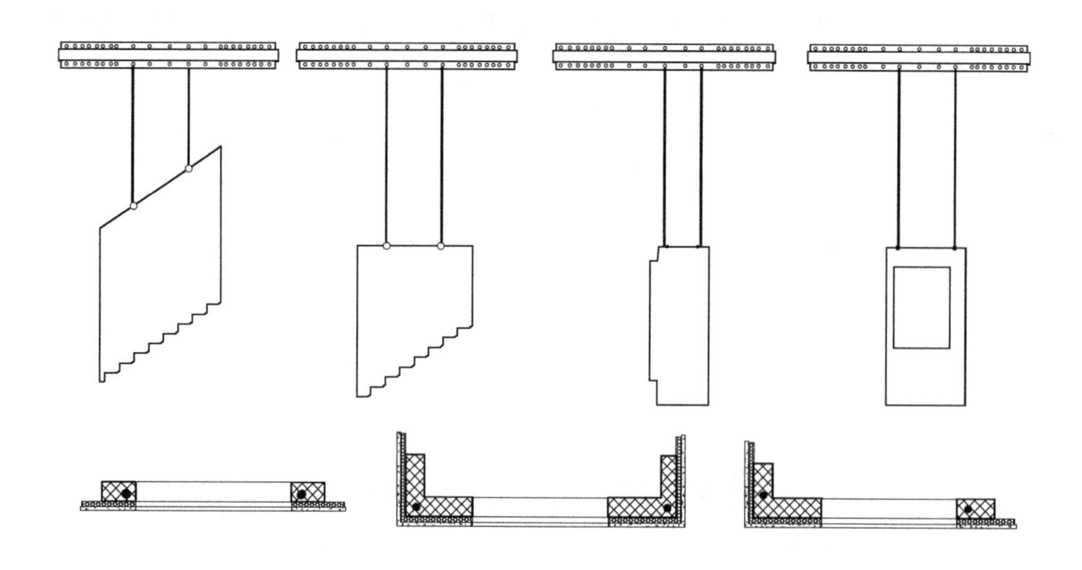

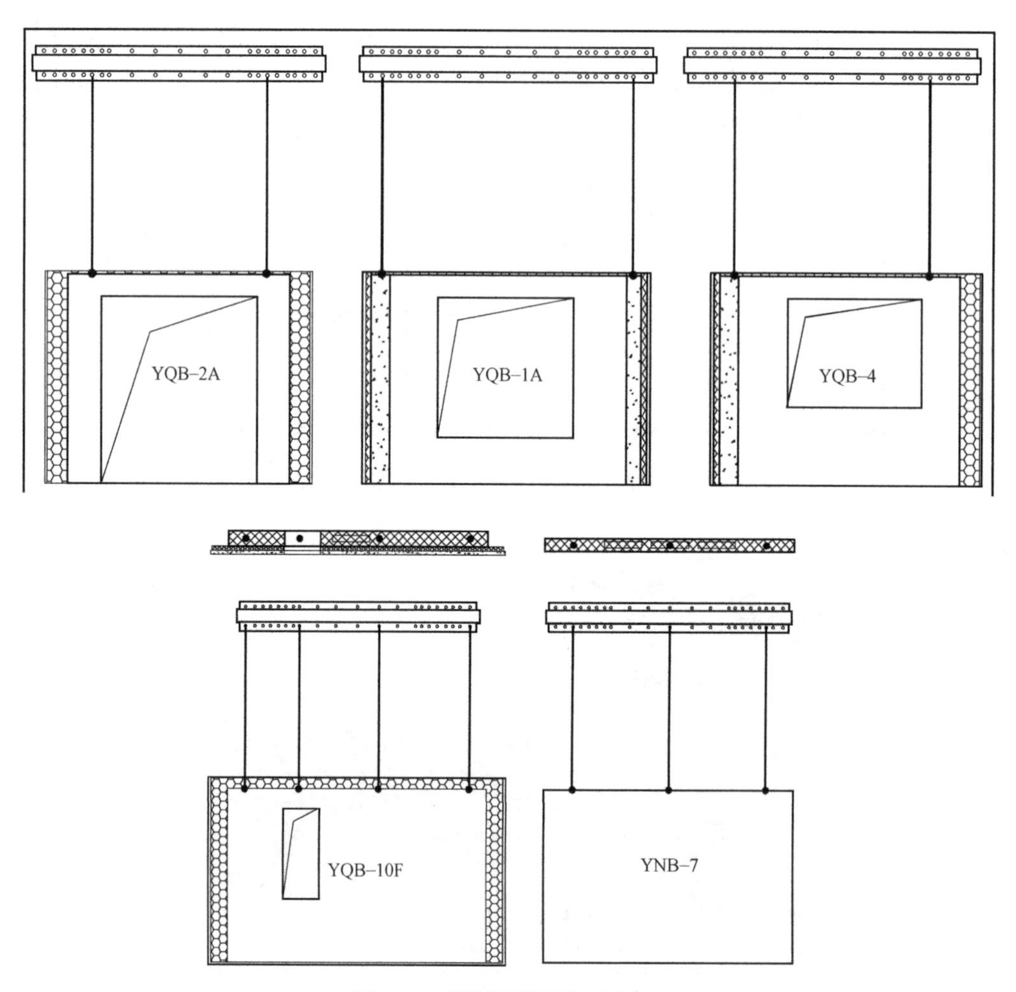

图 2-15　预制墙体吊装示意图

图 2-16 预制墙体吊装实物图

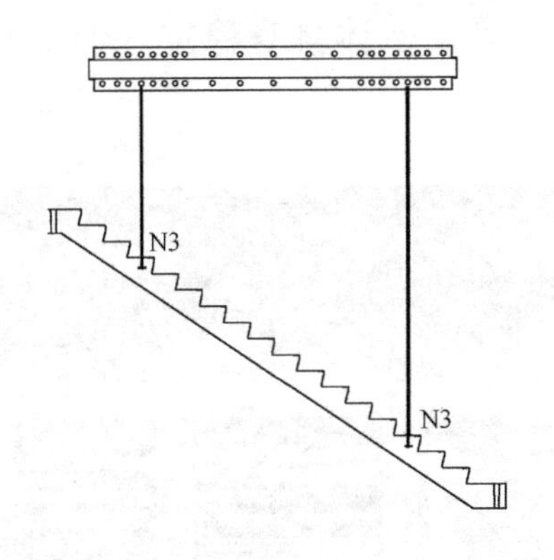

图 2-17 预制楼梯吊装示意图

图 2-18 预制楼梯吊装

5）钢丝绳吊索及附件

① 钢丝绳吊索

吊索可采用 6×19，但宜用 6×37 型钢丝绳制作成环式或八股头式，其长度应根据吊物的几何尺寸、重量和所用的吊装工具、吊装方法确定。使用时可采用单根、双根、四根或者多根悬吊形式。

吊绳的绳环或两端的绳套应采用编插接头，编插接头的长度不应小于钢丝绳直径的 20 倍。8 股头吊索两端的绳套可根据工作需要装上桃形环、卡环或吊钩等吊绳附件。

吊索与所吊构件间的水平夹角为45°～60°。

② 吊索附件

吊钩应有制造厂的合格证明书，表面应光滑，不得有裂纹、划痕、刨裂、锐角等现象存在，否则严禁使用。吊钩应每年检查一次，不合格者应停止使用。

活动卡环在绑扎时，起吊后销子的尾部应朝下，使吊索在受力后压紧销子，其容许荷载应按出厂说明书确定。

6）预制墙体存放架

预制墙体构件应使存放受力状态与安装受力状态一致。预制墙体构件竖直存放，采用预制墙体构件专用存放架或现场搭设预制构件存放架。应根据墙体形状、尺寸不同设计预制墙板支架，编制专项方案，计算架体强度、刚度及稳定性，并设置防磕碰、防下沉的保护措施，符合要求后方可使用。

根据现场施工进度及存放场地等要求，施工现场可设计整体式存放架将预制墙体集中存放。预制墙体存放架可采用钢管脚手架搭设，底部采用型钢做基础底座，与竖向维护架焊接成一体，架体搭设高度不低于预制墙体构件高度的2/3，架体四周设置人行通道，中间部位根据预制墙体构件长度间隔设置人行通道，确保作业人员吊装方便，人行通道宽度不小于0.8m。设计存放架时尽量满足较重构件存放在插板架中间位置的需要，确保架体自身稳定（图2-19～图2-22）。

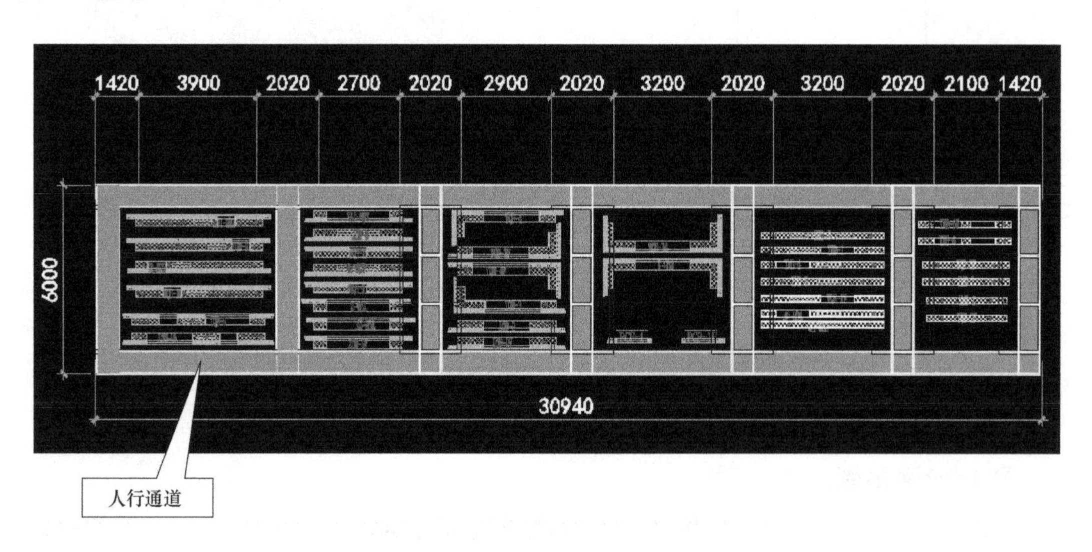

图2-19　预制构件存放架平面图

7）预制墙体运输架

预制墙体的运输采用立运，运输车应根据构件特点设计专用运输架，倾斜角度应满足相应规范要求。固定构件的钢索和倒链葫芦绑扎牢固，与构件接触部位

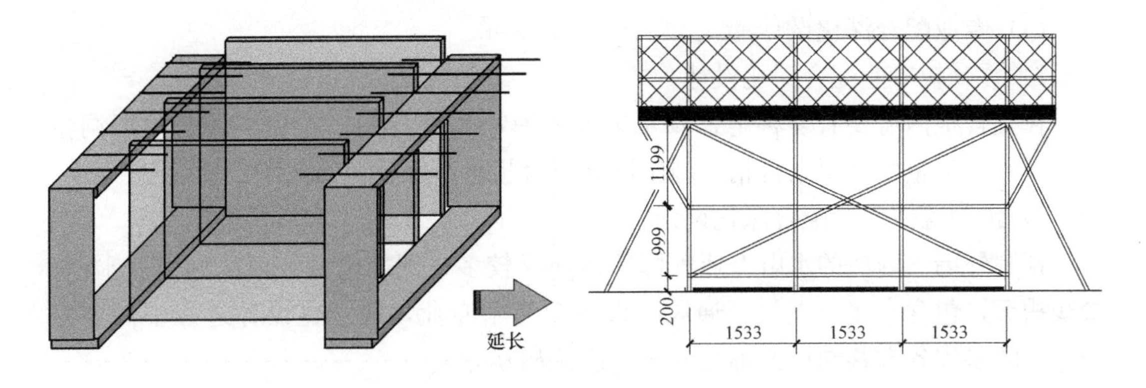

图 2-20　预制墙体构件专用存放架　　图 2-21　预制构件存放架立面图

图 2-22　预制构件存放架实物图

应加垫保护材料，防止钢索或倒链损坏构件。

预制构件运输根据其安装状态受力特点，制定有针对性的运输措施，保证运输过程中构件不受损坏，车上设专用运输架，并采取用钢丝加紧固器等措施绑扎牢固，防止构件运输受损，车辆行驶应平缓均匀，禁止急停急起（图 2-23）。

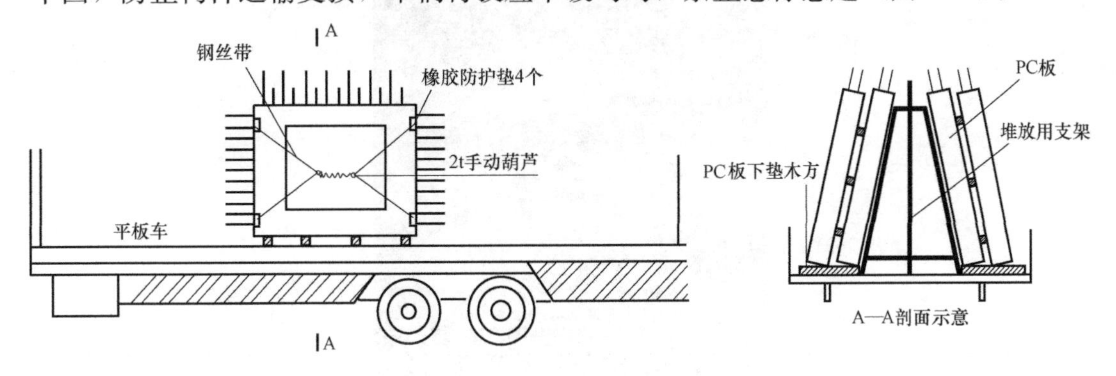

图 2-23　预制墙体运输架示意图

（4）专业配合深化设计

1）叠合板专业配合深化设计

在叠合板内需要有多种电盒及水电专业所需预留孔洞，电盒型号及预留洞位置的准确尤为重要，要结合精装施工图对叠合板进行深化。

2）预制墙体专业配合深化设计

预制外墙和内墙的水电专业预埋预留项目较多，例如电盒、新风洞口、水槽、管线槽等，包含水暖、电气、通风、设备等多个专业，在深化设计过程中需要多个专业的参建各方共同讨论确定方案，避免相互冲突。

（5）施工措施深化设计

1）叠合板防漏浆深化

根据以往工程经验，叠合板板带浇筑时，模板无法与叠合板板底接触严密，时常出现漏浆现象。为解决此问题，在制作叠合板时，将板边做出 50mm×5mm 内凹企口，解决了现浇板带漏浆的问题（图 2-24，图 2-25）。

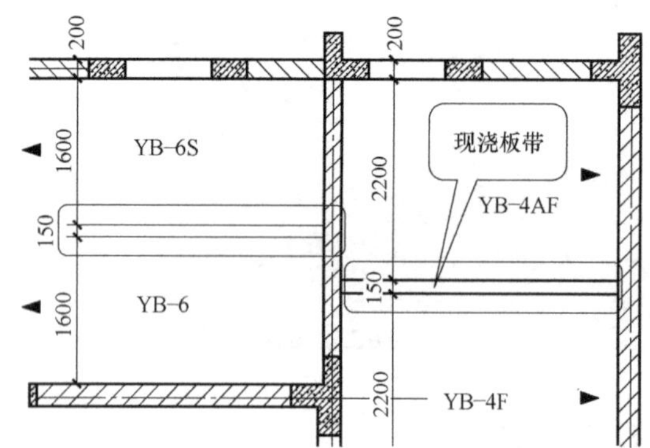

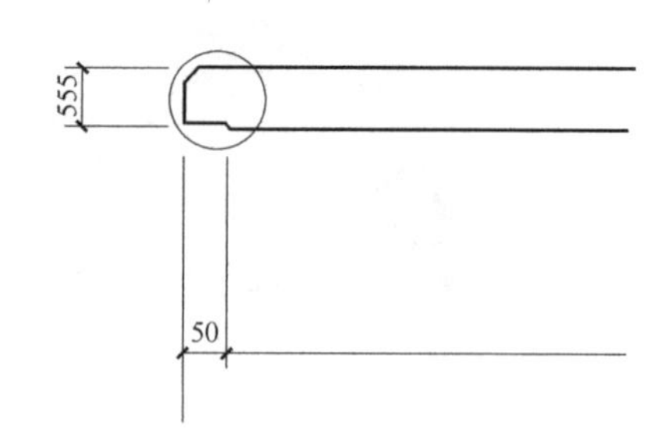

图 2-24 叠合板企口设计示意图

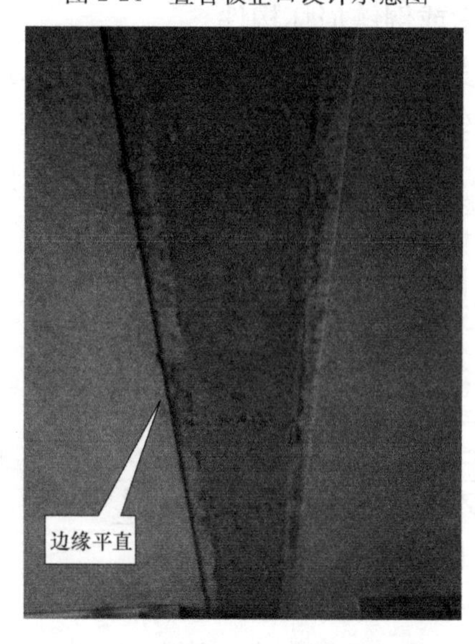

图 2-25 现浇板带浇筑后效果图

2）墙边防漏浆企口深化

为解决预制内外墙体与现浇节点或现浇内墙接茬处出现漏浆现象，在预制墙体生产前，与构件厂、设计沟通，在预制墙体边缘设置 30mm×8mm 的内凹型企口，在混凝土浇筑时保证现浇混凝土的浆料不漏至预制墙体墙面处，有效防止漏浆现象出现（图 2-26）。

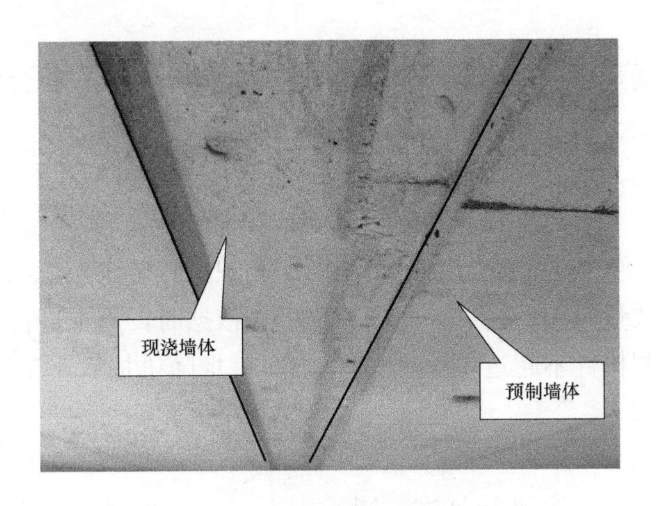

图 2-26　现浇墙体浇筑后效果图

3）临时固定钢梁

门洞口的预制内墙为了在吊装、安装过程中防止墙体在平面范围内变形，预制内墙生产时在门洞口两侧预埋套筒，在预制墙体吊装前利用预埋套筒固定临时钢梁，防止预制墙体在运输和吊装过程中发生变形（图 2-27）。

图 2-27　临时固定钢梁

三、试验管理

针对装配式结构特点单独编制试验检验方案，对灌浆料强度试验、模拟件拉拔强度试验等进行重点描述。现场设置标养室，除配备常规试验器具外，还应配备灌浆料专用试模等。

1. 预制构件

梁板类简支受弯构件进场时，应进行结构性能检验，并应符合以下规定：

（1）钢筋混凝土构件和允许出现裂缝的预应力混凝土构件应进行承载力、挠度和裂缝宽度检验；不允许出现裂缝的预应力混凝土构件应进行承载力、挠度和抗裂检验。

（2）对大型构件及有可靠应用经验的构件，可只进行裂缝宽度、抗裂和挠度检验。

（3）对使用数量较少的构件，当能提供可靠依据时，可不进行结构性能检验。

同一类型预制构件不超过1000个为一批，每批随机抽取1个构件进行结构性能检验。

2. 灌浆料

（1）灌浆料进场时应进行复试，同一配方、同一批号、同进场批的灌浆料，每50t为一个检验批，不足50t也为一个检验批，试验项目为流动性（初始、30min）、抗压强度（3d、28d）、竖向膨胀率（3h、24h与3h差值）。

（2）每工作班应检查灌浆料拌合物初始流动度不少于1次。

（3）灌浆料现场检验：

现场灌浆施工中，应在施工现场制作灌浆料试件，用于检验灌浆料的抗压强度。

灌浆料试件制作要求：每工作班取样不得少于1次，每楼层取样不得少于3次。每次抽取1组40mm×40mm×160mm的试件，试件成型过程中不应震动试模，应在6min内完成成型过程，标准养护28d后进行抗压强度试验（表2-1）。

套筒灌浆料的技术性能 **表2-1**

检测项目		性能指标
流动度(mm)	初始	≥300
	30min	≥260
抗压强度(N/mm²)	1d	≥35
	3d	≥60
	28d	≥85
竖向膨胀率(%)	3h	≥0.02
	24h与3h差值	0.02～0.50
泌水率(%)		0
氯离子含量(%)		≤0.03

（4）初始流动度试验方法

1）试验器具

① 截锥圆模尺寸为下口内径 100mm±0.5mm，上口内径 70mm±0.5mm，高 60mm±0.5mm。

② 玻璃板尺寸 500mm×500mm，并应水平放置。

2）流动度试验步骤

① 湿润玻璃板和截锥圆模内壁，但不得有明水。将截锥圆模放置在玻璃板中间位置。

② 将水泥基灌浆材料浆体倒入截锥圆模内，直至浆体与截锥圆模上口平；徐徐提起截锥圆模，让浆体在无扰动条件下自由流动直至停止。

③ 测量浆体最大扩散直径及与其垂直方向的直径，计算平均值，精确到 1mm，作为流动度初始值；应在 6min 内完成上述过程。

3. 套筒灌浆连接

（1）工艺检验

灌浆施工前，应对不同钢筋生产企业的进场钢筋进行接头工艺检验；施工过程中，当更换钢筋生产企业，或同生产企业生产的钢筋外形尺寸与已完成工艺检验的钢筋有较大差异时，应再次进行工艺检验。

1）灌浆套筒埋入预制构件时，工艺检验应在预制构件生产前进行；现场灌浆前，同一规格的灌浆套筒应按现场灌浆工艺制作三个灌浆套筒连接接头进行工艺检验。

2）工艺检验应模拟施工条件制作接头试件，并应按接头提供单位提供的施工操作要求进行。

3）每种规格钢筋应制作 3 个对中套筒灌浆连接接头，并应检查灌浆质量。

4）采用拌合物灌浆料制作的 40mm×40mm×160mm 试件不应少于 1 组。

5）接头试件及灌浆料试件应在标准养护条件下养护 28d。

6）第一次工艺检验中 1 个试件抗拉强度或 3 个试件的残余变形平均值不合格时，可再抽 3 个试件进行复检，复检仍不合格判为工艺检验不合格。

（2）现场检验

灌浆过程中，同一规格每 500 个灌浆套筒连接接头应采用预制混凝土生产企业提供的灌浆端未进行连接的套筒灌浆连接接头制作 3 个相同灌浆工艺的平行试件进行抗拉强度检验。

4. 接缝施工

上层预制外墙板与下层现浇构件接缝处接缝材料，每工作班同配合比留置 1 组，每组 3 块 70.7mm 立方体试件（当接缝灌浆与套筒灌浆同时施工时可不再单独留置抗压试块）。28d 标养试块抗压强度应满足设计要求并高于预制剪力墙混凝土抗压强度10MPa以上，且不低于40MPa。

四、资料管理

装配整体式混凝土结构施工前，施工单位应根据工程特点和有关规定，编制装配整体式结构专项施工方案，并进行施工技术交底。在施工过程中做好施工日志、施工记录、隐蔽工程验收记录及检验批、分项、分部、单位工程验收记录等施工资料的编制、收集与整理工作。本节主要介绍装配式混凝土结构与现浇混凝土结构不同的相关技术资料内容。

1. 施工技术资料

装配式混凝土结构施工前，应编制专项施工方案，主要包括：

（1）有针对性的支撑方案，并报设计单位确认；

（2）有针对性的套筒灌浆施工专项施工方案；

（3）预制构件吊装专项施工方案。

2. 施工物资资料

（1）预制构件进场验收资料

预制构件交付时应提供产品质量证明文件，产品质量证明文件应包括：

1）出厂合格证；

2）主筋试验报告；

3）混凝土抗压强度等设计要求的性能试验报告；

4）梁板类剪支受弯构件结构性能检验报告；

5）灌浆套筒型式检验报告（接头型式检验报告4年有效）；

6）连接接头抗拉强度检验报告；

7）拉接件抗拔性能检验报告；

8）合同要求的其他质量证明文件。

（2）原材料验收资料

灌浆料、坐浆料、防水密封材料、钢筋原材、连接套筒等材料进场时需提供出厂合格证、厂家提供的抽样检验报告、说明书及现场复试报告等。

3. 施工记录

（1）装配式混凝土结构工程应在连接节点及叠合构件浇筑混凝土前进行隐蔽工程验收，并形成《隐蔽工程验收记录》，应包括以下项目及主要内容：

1）预制构件与后浇混凝土结构连接处混凝土的粗糙面或键槽，主要内容包括混凝土粗糙面的质量，键槽的尺寸、数量、位置。

2）后浇混凝土中钢筋工程，内容包括：

a. 纵向受力钢筋的牌号、规格、数量、位置；

b. 灌浆套筒的型号、数量、位置及灌浆孔、出浆孔、排气孔的位置；

c. 钢筋的连接方式、接头位置、接头质量、接头面积百分率、搭接长度、锚固方式及锚固长度；

d. 箍筋、横向钢筋的牌号、规格、数量、间距、位置，箍筋弯钩的弯折角度及平直段长度；

e. 结构预埋件、螺栓连接、预留专业管线的数量与位置。

3）预制构件接缝处防水、防火做法。

（2）灌浆操作施工应填写《灌浆操作施工检查记录》，灌浆施工过程留存影像资料。

4. 验收资料

装配整体式混凝土结构工程验收时，除应符合现行国家标准《混凝土结构工程施工质量验收规范》GB 50204 的有关规定提供文件和记录外，尚应提供下列文件和记录：

（1）工程设计文件、预制构件安装施工图和加工制作详图；

（2）预制构件、主要材料及配件的质量证明文件、进场验收记录、抽样复验报告；

（3）预制构件安装施工记录；

（4）钢筋套筒灌浆型式检验报告、工艺检验报告和施工检验记录；

（5）后浇混凝土部位的隐蔽工程检查验收文件；

（6）后浇混凝土、灌浆料、坐浆材料强度检测报告；

（7）外墙防水施工质量检验记录；

（8）装配式结构分项工程质量验收文件；

（9）装配式工程的重大质量问题的处理方案和验收记录；

（10）装配式工程的其他文件和记录。

五、施工验算

1. 装配式混凝土结构施工前，应根据设计要求和施工方案进行必要的施工验算。

2. 预制构件在脱模、吊运、运输、安装等环节的施工验算，应将构件自重标准乘以脱模吸附系数或动力系数作为等效荷载标准值，并应符合下列规定：

（1）脱模吸附系数宜取 1.5，也可根据构件和模具表面状况适当增减；对于复杂情况，脱模吸附系数宜根据试验确定。

（2）构件吊运、运输时，动力系数可取 1.5；构件翻转及安装过程中就位、临时固定时，动力系数可取 1.2。当有可靠经验时，动力系数可根据实际受力情况和安全要求适当增减。

3. 预制构件的施工验算宜符合下列规定：

（1）钢筋混凝土和预应力混凝土构件正截面边缘的混凝土法向压应力，应满足下式的要求：

$$\sigma_{cc} \leqslant 0.8 f'_{ck}$$

式中：σ_{cc}——各施工环节在荷载标准组合作用下产生的构件正截面边缘混凝土法向压应力（N/mm²），可按毛截面计算；

f'_{ck}——与各施工环节的混凝土立方体抗压强度相应的抗压强度标准值（N/mm²），按国家标准《混凝土结构设计规范》GB 50010 表 4.1.3 以线性内插法确定。

（2）钢筋混凝土和预应力混凝土构件正截面边缘的混凝土法向拉应力，宜满足下式的要求：

$$\sigma_{ct} \leqslant 1.0 f'_{tk}$$

式中：σ_{ct}——各施工环节在荷载标准组合作用下产生的构件正截面边缘混凝土法向拉应力（N/mm²），可按毛截面计算；

f'_{tk}——与各施工环节的混凝土立方体抗压强度相应的抗拉强度标准值（N/mm²），按国家标准《混凝土结构设计规范》GB 50010 表 4.1.3 以线性内插法确定。

（3）对预应力混凝土构件的端部正截面边缘的混凝土法向拉应力可适当放松，但不应大于 $1.2f'_{tk}$。

（4）对施工过程中允许出现裂缝的钢筋混凝土构件，其正截面边缘混凝土法向拉应力限值可适当放松，但开裂截面处受拉钢筋的应力应满足下式的要求：

$$\sigma_{s} \leqslant 0.7 f_{yk}$$

式中：σ_{s}——各施工环节在荷载标准组合作用下的受拉钢筋应力，应按开裂截面计算（N/mm²）；

f_{yk}——受拉钢筋强度标准值（N/mm²）。

（5）叠合式受弯构件尚应符合现行国家标准《混凝土结构设计规范》GB 50010 的有关规定。进行后浇叠合层施工阶段验算时，叠合板的施工活荷载可取 1.5kN/mm²，叠合梁的施工活荷载可取 1.0kN/mm²。

4. 预制构件中的预埋吊件及临时支撑宜按下式进行计算：

$$K_{c} S_{c} \leqslant R_{c}$$

式中：K_{c}——施工安全系数，可按表 2-2 的规定取值；当有可靠经验时，可根据实际情况适当增减；对复杂或特殊情况，宜通过试验确定；

S_{c}——施工阶段荷载标准组合作用下的效应值；施工阶段的荷载标准值按《混凝土结构设计规范》GB 50010 的有关规定取值，其中风荷载重现期可取为 5 年；

R_{c}——根据国家现行有关标准并按材料强度标准值计算或根据试验确定的预埋吊件、临时支撑、连接件的承载力。

预埋吊件及临时支撑的施工安全系数 K_c　　表 2-2

项　　目	施工安全系数(K_c)
临时支撑	2
临时支撑的连接件 预制构件中用于连接临时支撑的预埋件	3
普通预埋吊件	4
多用途的预埋吊件	5

注：对采用 HPB300 钢筋吊环形式的预埋吊件，应符合现行国家标准《混凝土结构设计规范》GB 50010 的有关规定。

5. 顶板支撑的独立支撑立杆稳定性验算

根据国家标准《冷弯薄壁型钢结构技术规范》，可按轴心受压稳定性要求确定钢支柱的允许承载力。

钢支柱的长细比：　　　　$\lambda=\mu l/i_2$

式中：l——钢支柱使用长度（mm）；

i_2——套管的回转半径（mm）；

μ——计算长度的换算系数。

其中 $\mu=\sqrt{1+n/2}$；$n=I_1/I_2$。

式中：I_1——插管的惯性矩（mm^4）；

I_2——套管的惯性矩（mm^4）；

由计算的 λ 查轴心受压构件的稳定系数表得 ϕ：

钢支柱的容许承载力为：$N=\phi A_2 f$。

钢管壁受压强度计算：$[N]=f_{ce}A$，$A=2a\times\frac{d}{2}\times\pi$。

插销受剪力计算：$[N]=f_v\times 2A_c$。

根据上面所计算三项取最小值大于荷载的设计值 N，那么该独立支撑布置满足荷载设计要求，其承载力足够。

6. 吊装梁的验算

（1）主梁稳定性验算

吊装梁的长细比：$\lambda=\frac{\mu l}{i}$

由计算的 λ 查轴心受压构件的稳定系数表得 ϕ：

吊装梁的容许承载力为：$N=\phi Af>T_X$。

式中，f 为屈服强度，A 为截面面积，T_X 为吊装梁最大内力值。

那么吊装梁满足设计要求，其承载力足够。

（2）焊缝强度验算

按吊装梁最大内力值 T_X 计算，焊脚尺寸 h_f，故焊缝有效厚度 $h_e=0.7h_f$，焊缝长度应为 $L_W=N/(h_e\times f_W)$。实际焊缝长度大于 L_W，满足要求。

7. 吊装索具、工具

（1）钢丝绳的许用拉力计算

1）静荷载

钢丝绳的强度校核，主要是按钢丝绳的规格和使用条件所得出的许用拉力来确定。许用拉力按下式计算。

$$[S] \leqslant \alpha P/K$$

式中：$[S]$——钢丝绳的许用拉力（kN）；

P——钢丝绳的钢丝破坏拉力总和（kN）；

α——破断拉力换算系数，按表 2-3 取用；

K——钢丝绳的安全系数，按表 2-4 取用。

钢丝绳破断拉力换算系数 α **表 2-3**

钢丝绳结构	换算系数
6×19	0.85
6×37	0.82
6×61	0.80

钢丝绳的安全系数 K **表 2-4**

用途	安全系数	用途	安全系数
作缆风绳	3.5	作吊索、无弯曲时	6～7
用于手动起重设备	4.5	作捆绑吊索	8～10
用于机动起重设备	5～6	用于载人的升降机	14

2）冲击荷载

使用钢丝绳进行起重吊装作业时，钢丝绳不可避免会有冲击作用。与静荷载相比，冲击作用下，重物对钢丝绳的拉力会有不同程度的放大。冲击荷载可按下式进行计算：

$$F_s = Q\left[1 + \sqrt{1 + \frac{2EAh}{QL}}\right]$$

式中：F_s——冲击荷载（N）；

Q——静荷载（N）；

E——钢丝绳的弹性模量（N/mm^2）；

A——钢丝绳截面积（mm^2）；

h——落下高度（mm）；

L——钢丝绳的悬挂长度（mm）。

（2）卡环规格

现场施工时，若查不到卡环的性能参数，也可根据销子的直径按下式估算出卡环的允许荷载：

$$Q=0.035d$$

式中：Q——卡环的估算允许荷载（kN）；

d——卡环的销子直径（mm）。

第三章　施工质量管理

一、施工质量验收划分

装配整体式混凝土结构施工质量验收依据国家规范划分为单位（子单位）工程、分部（子分部）工程、分项工程和检验批来进行，装配整体式混凝土结构有关预制构件的相关工序可作为装配式结构分项工程进行资料整理。

装配整体式混凝土结构施工质量验收合格标准如下：

1. 检验批质量验收合格应符合下列规定：

1）主控项目的质量经抽样检验均应合格；

2）一般项目的质量经抽样检验合格；

3）具有完整的施工操作依据、质量验收记录。

2. 分项工程质量验收合格应符合下列规定：

1）所含检验批的质量均应验收合格；

2）所含检验批的质量验收记录完整。

3. 分部（子分部）工程质量验收合格应符合下列规定：

1）所含分项工程的质量均应验收合格；

2）所含分项工程的质量验收资料完整；

3）有关安全及功能的检验和抽样检测结构符合有关规定；

4）观感质量验收符合要求。

4. 单位（子单位）工程质量验收合格应符合下列规定：

1）所含分部（子分部）工程的质量均应验收合格；

2）所含分部（子分部）工程的质量验收资料完整；

3）所含分部（子分部）工程有关安全及功能的检测资料完整；

4）主要功能项目的抽查结果应符合相关专业质量验收规范的规定；

5）观感质量验收符合要求。

二、施工质量验收

1. 材料进场检验

为进一步加强对材料进场检验、验收的有效控制，保证材料质量符合规范及国家相关法律法规要求，在施工前项目部建立完善的原材料、半成品、成品及设备等物资进场检验、验收制度，并在施工过程中严格执行。

（1）预制构件进场验收

预制构件进入现场后由项目部材料部门组织有关人员进行验收，对预制混凝土构件的标识、外观质量、尺寸偏差以及钢筋灌浆套筒的预留位置、套筒内杂质、注浆孔通透性等进行检验，同时应核查并留存预制构件出厂合格证、出厂检验用同条件养护试块强度检验报告、灌浆套筒型式检验报告、连接接头抗拉强度检验报告、拉结件抗拔性能检验报告、预制构件性能检验报告等技术资料，未经验收或验收不合格的构件不得使用（图 3-1）。

图 3-1　预制构件进场验收

为保证预制构件不存在影响结构性能和安装、使用功能的尺寸偏差，在材料进场验收时应利用检测工具对预制构件尺寸项进行全数、逐一检查；同时在预制构件进场后对其受力构件进行受力检测。

为保证工程质量，在预制构件进场验收时对其包括吊装预留吊环、预留栓接孔、灌浆套筒、电气预埋管、盒等外观质量进行全数检查，对检查出存在外观质量问题预制构件，可修复且不影响使用及结构安全按照专项技术处理方案进行处理，其余不得进场使用。

（2）所用材料进场验收

1）螺栓及连接件进场验收

装配式结构采用螺栓连接时应符合设计要求，并应符合现行国家标准《钢结构工程施工质量验收规范》GB 50205 及《混凝土用膨胀型、扩张型建筑锚栓》JG 160 的相关要求。

2）灌浆材料及坐浆材料进场验收

钢筋套筒灌浆连接接头采用的灌浆料应符合现行行业标准《钢筋连接用套筒灌浆料》JG/T 408 的规定。以每层为一检验批，每工作班应制作一组且每层不少于三组 40mm×40mm×160mm 灌浆料试块，标准养护 28d 后进行抗压强度检测试验，以确定灌浆料强度。

3）外墙密封胶进场验收

密封胶应与混凝土具有相容性，以及规定的抗剪切和伸缩变形能力，尚应具有防霉、防火、防水、耐候等性能；硅酮、聚氨酯、聚硫建筑密封胶应分别符合国家现行标准《硅酮建筑密封胶》GB/T 14683、《聚氨酯建筑密封胶》JT/C 482、《聚硫建筑密封胶》JT/C 483 的规定。

4）钢筋定位钢板进场验收

钢筋定位钢板是在叠合板混凝土浇筑前后以及预制墙体安装前对待插入预制墙体的竖向钢筋进行定位的重要措施，在施工前项目部将根据设计图纸对不同墙体及不同安装部位的钢筋定位钢板进行设计，并进行制作，制作完成后，在使用前对不同部位所使用钢筋定位钢板的平面尺寸、孔洞大小、孔洞位置进行检查，使之符合使用要求。

2. 预制构件的安装与验收

（1）二次放线

为满足装配式剪力墙结构在预制构件安装与验收阶段的位置校验需求，在结合装配式剪力墙结构施工特点后，分别在预制内、外墙、叠合板、预制阳台、预制楼梯等构件安装工序前进行二次放线，即在圈边龙骨、叠合板和现浇顶板上、内外墙预制构件上、楼梯休息平台上、楼梯间竖向墙体上，分别在预制构件安装处就水平方向及垂直方向设置位置参照线，以保证构件安装质量。

（2）预制构件安装及验收标准

1）独立支撑及阳台支撑按照支撑方案就位后，外施队自检合格后由项目部组织人员进行检验，验收结果不合格则不允许安装。

2）圈边龙骨根据模板方案固定就位后，外施队自检合格后由项目部组织人员进行检验，验收结果不合格则不允许安装。

3）根据预制构件不同安装部位，设置控制线，要求叠合板控制线在墙体上弹借线，水平位置控制在墙体上弹实线；预制阳台、空调挑板标高与水平位置控制线在墙体上设置，预制楼梯两侧位置控制线及标高设置在休息平台，前后方向控制线设置在墙体，在弹线完毕后要求项目部组织人员进行检验，并由监理人员进行监督。

4）在构件就位后，应先调整水平位置，再调整标高。

5）预制阳台及空调挑板的位置调整，需先对水平与墙体方向上的误差进行调整，后对构件与墙体之间的距离进行调整，选择构件上两侧的桁架筋或选择两侧吊环，利用固定螺栓将丝杆一端固定在所选择的桁架筋或吊环上，另外一端穿过外墙上部的钢筋，利用两根 48 钢管、大雁卡及紧固螺栓将丝杆固定，通过旋紧紧固螺栓，缩小构件距墙边的距离，允许误差 5mm；标高则利用阳台支撑体系中的螺杆进行调整，允许误差 5mm。

6）预制楼梯安装就位后，利用撬棍进行位置调整，需先进行前后调整，后进行两侧左右调整，允许误差 5mm。

7）预制墙体安装前，先利用水平仪与塔尺对预制构件安装位置进行找平，找平点根据不同墙体设置 4～6 个点，找平材料使用预埋螺杆；控制线在地面上设置，要求弹线准确并清晰可辨。

8）利用“定位钢板”及控制线调整钢筋位置，要求钢筋位置准确，且顺直朝上。

9）预制墙体就位后，预制墙体未摘钩前对照控制线利用测量工具对墙体位置进行检查，水平位置允许误差不超过 5mm，当误差大于 5mm 时，将预制墙体吊起并重新校验钢筋位置；在预制墙体就位拆钩后利用斜撑对墙体的垂直度进行调节，垂直度的允许误差不大于 5mm。

（3）钢筋套筒灌浆连接

1）施工前由技术负责人向相关管理人员进行套筒灌浆连接分项工程施工方案交底，工长对作业层工人进行书面及现场交底，让每个操作工人都清楚套筒灌浆连接的具体做法，并进行书面交底发行、签字手续。

2）施工前由厂家对现场操作工人进行交底培训，并在生产前进行实操演练，实操合格后办理合格证书。

3）由项目主任工程师审批、标注、编制影像资料留置计划，要求重点部位均有影像资料留存，以满足产品的可追溯性。

4）预制墙体进场时，项目管理人员需对预制墙板中预埋的灌浆套筒及注浆孔进行百分百的逐一检查，确认其通畅无杂物，检查合格后方能进场。

5）预制墙体进场时，应由构件生产厂家提供套筒隐蔽工程验收资料及检验报告。

6）构件安装前，应检查构件待连接钢筋的伸出长度，保证伸入套筒的钢筋长度达到 $8d$（公称直径）；同时利用定位钢板复查钢筋排距、位置，并用肉眼观察钢筋是否竖直向上，防止插入钢筋贴靠筒壁。

7）在进行钢筋套筒灌浆连接施工时为保证灌浆密实饱满，灌浆操作全过程应有专职质检员负责旁站，监理人员监督，并在对其进行全数检查的同时及时形成施工质量检查记录。

8）混凝土浇捣时浆液会外溢，沿墙面流至下部已完成预制构件外立面，造成外立面的污染。为防止建筑外立面在施工阶段的污染，构件表面宜外包保护膜，在施工上一层结构时，下一层已完成的构件表面铺设的保护膜不得揭除。保护膜在外脚手架拆除前方可除去。

9）为防止施工过程对预制墙板造成磕碰损坏，预制构件施工完成所有阳角部位采用阳角保护条进行保护。

10）在构件灌浆时，如发现有个别孔洞不能正常出浆，应立即停止灌浆操作，将构件吊走放置于最近的空旷场地，用清水冲洗每个灌浆孔，直至每个套筒能够正常出浆为止；如仍有套筒不能出浆，则应立即联系厂家更换构件。作业面层的钢筋及作业区域，在构件吊走后应立即进行清洗，刷除钢筋上的灌浆料及地面上的坐浆料，等待再次安装预制构件。

（4）预制构件防水节点质量验收

1）预制构件拼缝处防水材料应符合设计要求，并具有合格证及检测报告，必要时提供防水密闭材料进场复试报告。

2）预制构件拼缝防水节点基层应符合设计要求。

3）在PC外墙水平接缝处后期打胶时，胶缝应横平竖直、饱满、密实、连续、均匀、无气泡，宽度与深度均应符合设计要求。

4）预制构件拼缝放水节点空腔排水构造应符合设计要求。

5）为保证外墙板接缝处防水性能符合设计要求，每1000m^2外墙面积划分为一个检验批，不足1000m^2时也划分为一个检验批；每个检验批每100m^2抽查一处进行现场淋水试验且试验面积不小于10m^2。

3. 现浇节点质量验收

（1）模板工程

1）一般规定

① 装配式混凝土结构的模板与支撑应根据施工过程中的各种工况进行设计，应具有足够的承载力、刚度，并保证其整体稳定性。模板安装应牢固、严密、不漏浆。

② 模板与支撑应保证工程结构和构件的定位以及各部分形状、尺寸和位置准确，且应便于钢筋安装和混凝土浇筑、养护。

③ 预制构件宜预留与模板连接用的孔洞、螺栓，预留位置应与模板模数协调并便于模板安装。

④ 预制构件接缝处模板宜选用定型模板，并与预制构件可靠连接。

⑤ 宜选用水性隔离剂。隔离剂应能有效减小混凝土与模板间的吸附力，并应有一定的成膜强度，且不应影响隔离后混凝土表面的后期装饰。

2）模板与支撑安装

① 预制叠合板类构件水平模板安装时，可直接将叠合板作为水平模板使用，其下部可直接采取龙骨支撑，支撑间距应根据施工验算确定；叠合板与现浇部位的交接处，应增设一道竖向支撑，并按设计或规范要求起拱。

② 叠合类构件竖向支撑宜选用定型独立钢支柱，支撑点位置应靠近起吊点。

③ 叠合板类构件作为水平模板使用时，应避免集中堆载、机械振动。

④ 安装叠合板的现浇混凝土剪力墙，宜在墙模板上安装叠合板，板底标高控制方钢浇筑混凝土前按设计标高调整并固定位置。

⑤ 预制墙板拼接水平节点采用定型模板时，宜采用螺栓连接或预留孔洞拉结的方式与预制构件连接可靠，模板与预制构件间、构件与构件之间应粘贴密封条。

⑥ 定型模板应避开预制墙板下部灌浆预留孔洞。

⑦ 预制墙板拼接水平节点也可采用预制混凝土外墙模板，预制混凝土外墙模板应与整体预制墙板构造相同，并与内侧模板或相邻构件连接牢固，预制混凝土外墙模板宜采用工厂预制构件。

⑧ 相邻预制混凝土模板之间拼缝宽度不宜大于 20mm，并采取可靠的密封防漏浆措施。

⑨ 安装预制墙板、预制柱等竖向构件，应采用斜支撑的方式临时固定，斜支撑应为可调式。斜支撑位置应避免与模板支架、相邻支撑冲突。

3）模板与支撑拆除

① 模板拆除时，可采取先支后拆、后支先拆，先拆非承重模板、后拆承重模板的顺序，并应从上而下拆除。

② 当叠合层混凝土强度达到设计要求时，方可拆除底模及支撑；当设计无具体要求时，同条件养护试件的混凝土立方体试件抗压强度应符合表 3-1 的规定。

底模拆除时的混凝土强度要求 **表 3-1**

构件类型	构件跨度(m)	达到设计混凝土强度等级值的百分率(%)
板	≤2	≥50
	>2,≤8	≥75
	>8	≥100
梁、拱、壳	≤8	≥75
	>8	≥100
悬臂结构		≥100

③ 拆除侧模时的混凝土强度应能保证其表面及棱角不受损伤。

④ 拆除模板时，不应对楼层形成冲击荷载。拆除的模板和支架宜分散堆放并及时清运。

⑤ 多个楼层间连续支模的底层支架拆除时间，应根据连续支模的楼层间荷载分配和混凝土强度的增长情况确定。

⑥ 快拆支架体系的支架立杆间距不应大于 2m。拆模时应保留立杆并顶托支承楼板，拆模时的混凝土强度可按构件跨度为 2m 的规定确定。

⑦ 预制墙板斜支撑宜在现浇墙体混凝土模板拆除前拆除；预制柱斜支撑应在预制柱与结构可靠连接后，且上部构件吊装完成后拆除。

（2）钢筋工程

1）一般规定

① 装配式混凝土结构用钢筋宜采用专业化生产的成型钢筋。

② 钢筋连接方式应根据设计要求和施工条件选用。

2）钢筋连接

① 钢筋连接宜选用搭接连接、焊接连接或机械连接。钢筋连接接头宜设置在受力较小处，同一纵向受力钢筋不宜设置两个或两个以上的接头。

② 钢筋焊接连接接头应符合现行行业标准《钢筋焊接及验收规程》JGJ 18 的有关规定。

③ 钢筋机械连接接头应符合现行行业标准《钢筋机械连接技术规程》JGJ 107 的有关规定。机械连接接头的混凝土保护层厚度宜符合现行国家标准《混凝土结构设计规范》GB 50010 中受力钢筋的混凝土保护层最小厚度的规定，且不得小于15mm；接头之间的横向净距不宜小于 25mm。

④ 当钢筋采用机械锚固措施时，钢筋锚固端的加工应符合现行国家相关标准的有关规定。采用钢筋锚固板时，应符合现行行业标准《钢筋锚固板应用技术规程》JGJ 256 的有关规定。

⑤ 叠合板吊装前，宜将剪力墙连梁上部纵钢筋抽出，待叠合板安装、校正完毕后重新安装现浇带的水平钢筋。

⑥ 叠合板上钢筋绑扎前，应检查桁架钢筋的位置，并设置支撑马凳。

⑦ 叠合板上预制墙板斜支撑的预埋件安装、定位应准确，预埋件的连接部位应做好防污染措施。

⑧ 剪力墙构件连接节点区域宜先校正水平连接钢筋，后将箍筋套入，待墙体竖向钢筋连接完成后绑扎箍筋；剪力墙构件连接节点加密区宜采用封闭箍筋。对于带保温层的构件，箍筋不得采用焊接连接。

⑨ 预制构件外露钢筋影响现浇混凝土中钢筋绑扎时，应在预制构件上预留钢筋接驳器，待现浇混凝土结构钢筋绑扎完成后，将锚筋旋入接驳器，形成锚筋与预制构件外露钢筋之间的连接。

3）钢筋定位

位于现浇混凝土内的连接钢筋应埋设准确，锚固方式符合设计要求。

构件交接处的钢筋位置应符合设计要求。当设计无具体要求时，应保证主要受力构件和构件中主要受力方向的钢筋位置，并应符合下列规定：

① 框架节点处梁纵向受力钢筋宜置于柱纵向钢筋内侧；

② 当主次梁底部标高相同时，次梁下部钢筋应放在主梁钢筋下部钢筋之上；

③ 剪力墙中水平分布钢筋宜放在外侧，并宜在墙端弯折锚固。

位于现浇混凝土内的钢筋套筒灌浆连接接头的预留钢筋应采用专用定位模具

对其中心位置进行控制，应采用可靠的绑扎固定措施对连接钢筋的外露长度进行控制。

定位钢筋中心位置存在细微偏差时，宜采用套管方式进行细微调整。

定位钢筋中心位置存在严重偏差影响预制构件安装时，应会同设计单位制定专项处理方案，严禁切割、强行调整定位钢筋。

预留于预制构件内的连接钢筋应防止弯曲变形，并在预制构件吊装完成后，对其位置进行校核与调整。

应采用可靠的保护措施，防止混凝土浇筑时污染定位钢筋、防止定位钢筋整体偏移。

（3）混凝土工程

1）一般规定

装配式混凝土结构施工宜采用预拌混凝土。预拌混凝土应符合现行相关标准的规定。

混凝土拌合物工作性应符合设计与施工规定。装配式混凝土结构施工中的结合部位或接缝处，可采用自密实混凝土。自密实混凝土浇筑应符合现行相关标准的规定。

混凝土运输应符合下列规定：

① 混凝土宜采用搅拌运输车运输，运输车辆应符合国家现行有关标准的规定。

② 运输过程中应保证混凝土拌合物的均匀性和工作性。

③ 应采取保证连续供应的措施，并应满足现场施工的需要。

混凝土浇筑施工前应进行钢筋工程隐蔽验收。

2）叠合构件混凝土

① 叠合构件混凝土浇筑前应清除叠合面上的杂物、浮浆及松散骨料，表面干燥时应洒水润湿，洒水后不得留有积水。

② 叠合构件混凝土浇筑时应采取由中间向两边的方式。

③ 叠合构件与现浇构件交接处混凝土应加密振捣点，并适当延长振捣时间。

④ 叠合构件混凝土浇筑时，不应移动预埋件的位置，且不得污染预埋件连接部位。

⑤ 叠合构件的叠合层混凝土同条件立方体抗压强度达到混凝土设计强度等级值的75%后，方可拆除下一层支撑。

⑥ 叠合层混凝土浇筑完成后可采取洒水、覆膜、喷涂养护剂等养护方式，养护时间不宜少于14d。

3）构件接缝混凝土

装配式混凝土结构中预制构件的接头和拼缝处混凝土或砂浆的强度及收缩性能应符合设计要求，当设计无具体要求时应符合下列规定：

① 承受内力的接头和拼缝应采用混凝土浇筑，混凝土强度等级应不低于所连接的预制构件混凝土强度设计等级值的较大值。

② 非承受内力的接头和拼缝可采用混凝土或砂浆，浇筑混凝土强度等级应不低于 C15，砂浆强度应不低于 M15。

③ 用于接头和拼缝的混凝土或砂浆，宜采用微膨胀、早强型混凝土或砂浆，在浇筑过程中应振捣密实，并应采取必要的养护措施。

预制构件现浇节点混凝土施工应符合下列规定：

① 连接节点、水平拼缝应连续浇筑，竖向拼缝可逐层浇筑，每层浇筑高度不宜大于 2m，应采取保证混凝土或砂浆浇筑密实的措施。

② 混凝土或砂浆的强度达到设计要求后，方可承受全部设计荷载。

预制楼梯与现浇梁板采用预埋件焊接连接时，应先施工梁板，后放置、焊接楼梯；采用锚固钢筋连接时，应先放置楼梯，后施工梁板。

预制梁、柱混凝土强度等级不同时，预制梁柱节点区混凝土应按强度等级高的混凝土浇筑。

混凝土浇筑应布料均衡。浇筑和振捣时，应对模板及支架进行观察和维护，发生异常情况应及时进行处理。构件接缝混凝土浇筑和振捣应采取措施防止模板、相连接构件、钢筋、预埋件及其定位件移位。

预制构件接缝处混凝土浇筑时，连接节点处混凝土应加密振捣点，并适当延长振捣时间。

构件接缝混凝土浇筑完成后可采取洒水、覆膜、喷涂养护剂等养护方式，养护时间不宜少于 14d。

三、关键工序质量控制

1. 各类预制构件吊运质量控制

（1）确保吊装钢梁、吊索、吊钩、卡环等吊具完好，且必须在额定限载范围内使用。

（2）预制墙板起吊时防止外叶板磕碰（图 3-2）。

（3）吊装预制楼梯起吊时防止端头磕碰（图 3-3）。

（4）预制叠合板吊装挂钩位置必须在吊点上（图 3-4）。

（5）吊装过程中严禁对预制构件预留钢筋进行弯折、切断。

2. 预制墙体安装关键工序质量控制

（1）测量放线质量控制

1）控制轴线在竖向的传递，控制点应布设在结构的外角及特殊部位。使用激光铅直仪进行投测传递的，每个流水段的控制点不得少于 3 个。

2）楼层平面放线，应根据施工图逐层进行，确保施工测量的精度。

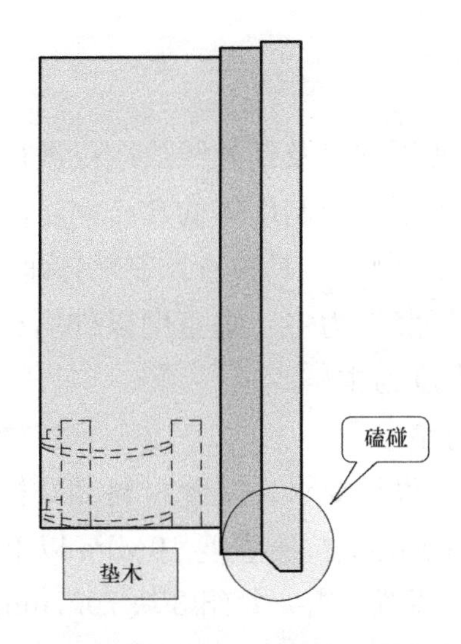

图 3-2　预制墙板防磕碰示意图

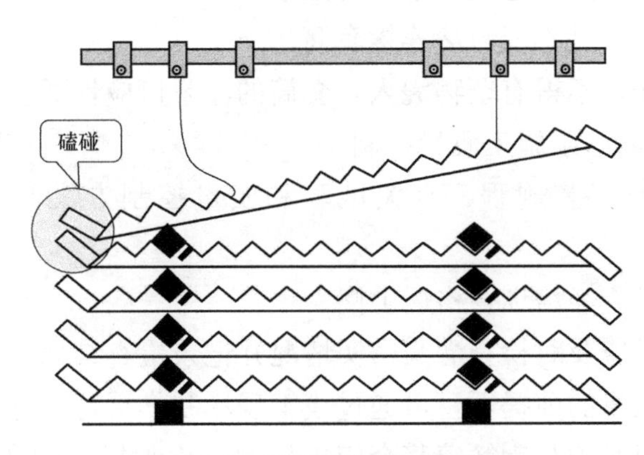

图 3-3　预制楼梯防磕碰示意图

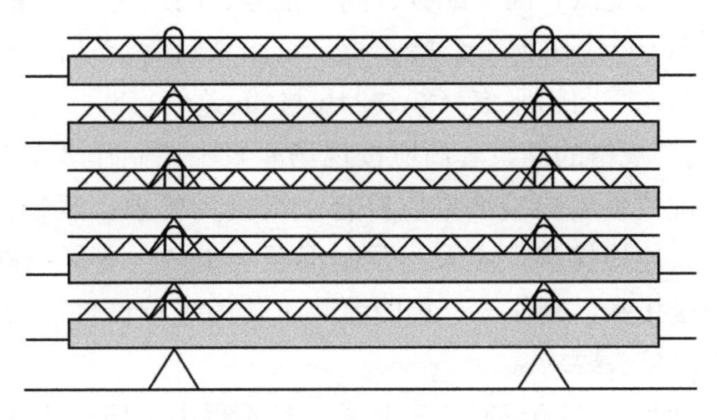

图 3-4　预制叠合版防磕碰示意图

3）楼层标高的导测，每次应起始于两个高程控制点，导测完成后及时校核。

4）每件预制构件都应放出纵横控制线，并进行校核。

5）安装起吊前应在预制墙体内侧弹竖向与水平安装线且与楼层安装位置线相

符合。

（2）预制墙体位置校正

1）预制墙体墙身位置使用钢尺及红外线放线仪进行测量，保证位置准确。

2）通过平面控制线检查下层预制墙体的套筒钢筋位置及垂直度。

3）使用线坠、2m靠尺等测量工具检查预制墙体垂直度。

4）预制墙板拼缝校核以竖缝为主，垂直度以外墙板外侧面垂直为主，阳角位置相邻板平整度以阳角垂直度为主。

（3）灌浆区域内外墙封堵

1）接缝连接方式应符合设计要求，接缝材料28d标养试块抗压强度应满足设计要求，并高于预制剪力墙混凝土抗压强度10MPa以上，且不应低于40MPa。检验数量：每工作班同配合比留置1组，每组3块70.7mm立方体试件。当接缝灌浆与套筒灌浆同时施工时可不再单独留置抗压试块。

2）封堵材料干强度必须达到要求后再灌浆。

3）封堵必须严密，且不能封堵连接套筒。

4）套筒内应干净，不得有杂物混入，套筒的注浆口应贯通。

（4）钢筋连接套筒灌浆施工质量控制

1）制定灌浆操作工艺规程、有关试验和质量控制方案，设专人填写灌浆记录。

2）灌浆作业人员应经培训合格后上岗。

3）专职检查人员应及时检查灌浆密实情况并记录检查结果。

4）在保证灌浆质量的前提下，可通过模拟现场制作平行试件进行验收。

5）选用的灌浆料必须与钢筋灌浆套筒连接型式检验报告中灌浆料相一致；灌浆料进场时应进行进场复试，同一配方、同一批号、同进场批的灌浆料，每50t为一个检验批，不足50t也应作为一个检验批，试验项目为流动性（初始、30min）、抗压强度（3d、28d）、竖向膨胀率（3h、24h与3h差值）。

6）灌浆前，同一规格的灌浆套筒应按现场灌浆工艺制作3个灌浆套筒连接接头进行工艺检验，抗拉强度检验结果应符合Ⅰ级接头要求；灌浆过程中，同一规格每500个灌浆套筒连接接头，应采用预制混凝土生产企业提供的灌浆端未进行连接的套筒灌浆连接接头，制作3个相同灌浆工艺的平行试件进行抗拉强度检验，检验结果应符合Ⅰ级接头要求。

7）灌浆施工温度不得低于5℃，实际灌入量不得小于理论计算值，灌浆料28d标养试块抗压强度应符合要求。检验数量：每工作班留置1组，每组3块40mm×40mm×160mm试件。

8）灌浆施工过程应留存影像资料。

9）在灌浆完成、浆料凝固前，检查是否有漏浆情况。

3. 预制楼梯、预制楼梯隔墙安装关键工序质量控制

（1）测量放线质量控制

1）校核楼梯安装控制线，包括内外位置线、左右位置线及标高控制线。

2）严格控制平台梁的轴线位移及截面尺寸，防止休息平台梁涨模。

（2）预制楼梯、预制楼梯隔板安装

1）检查吊装连接件用的螺栓是否满足要求，防止过度使用滑扣。

2）预制楼梯与预制楼梯隔墙板预埋铁件螺栓孔内部不应有杂物。

3）严禁快速猛放造成板面震折裂缝。

4）使用水准仪测量楼梯标高。

5）使用线坠、2m 靠尺等测量工具检查预制楼梯隔墙板垂直度。

6）保证预埋钢筋锚固长度和定位符合设计要求。

4. 预制叠合板安装关键工序质量控制

（1）测量放线质量控制

校核叠合板安装控制线，包括平面位置线、方向位置线及标高控制线。

（2）预制叠合板安装

1）确保水电等预埋管（孔）位置准确。

2）应调整叠合板锚固钢筋与梁钢筋位置，不得随意弯折或切断一切钢筋。

3）钢筋绑扎时穿入叠合楼板上的桁架，钢筋上铁的弯钩朝向要严格控制，不得平躺。

4）叠合板毛面在浇筑混凝土前清理湿润，不得有油污等污染。

5. 预制悬挑构件安装关键工序质量控制

（1）预制悬挑构件施工荷载不得超过设计荷载。

（2）预制悬挑构件预留锚固筋应伸入混凝土结构内，且应与现浇结构连成整体。

6. 预制构件连接接缝处防水性能

对于外墙和有防水要求的部位，应注意连接接缝处防水性能的检验：

（1）预制构件与后浇混凝土结合部，应对是否密实进行检验，对于结合不严、存在缝隙的部位应进行处理。

（2）预制构件拼缝处，应进行防水构造、防水材料的检查验收，必须符合设计要求。防水密封材料应具有合格证及进场复试报告。

（3）外墙应进行现场淋水试验，并形成淋水试验报告。

（4）密封防水施工前，接缝处应清理干净，保持干燥。

（5）密封防水施工的嵌缝材料性能、质量、配合比应符合要求。

（6）硅酮密封胶的使用年限应满足设计要求，应与衬垫材料相容，应具有弹性。

（7）硅酮密封胶的注胶宽度、厚度应符合设计要求，注胶应均匀、顺直、密实，表面应光滑，不应有裂缝。

7. 现浇节点关键工序质量控制

（1）模板安装时，应保证接缝处不漏浆；木模板应浇水湿润但不应有积水；接触面和内部应清理干净、无杂物并涂刷隔离剂。

（2）当叠合梁、叠合板现浇层混凝土强度达到设计要求时，方可拆除底模及支撑；当设计无具体要求时，同条件养护试件的混凝土立方体试件抗压强度应符合《混凝土结构工程质量验收规范》GB 50204 规定。

（3）构件交接处的钢筋位置应符合设计要求，并保证主要受力构件和构件中主要受力方向的钢筋位置无冲突。

（4）预制叠合式楼板上层钢筋绑扎前，应检查格构钢筋的位置，必要时设置支撑马凳。

（5）钢筋套筒灌浆连接、钢筋浆锚搭接连接的预留插筋位置应准确，外露长度应符合设计要求且不得弯曲；应采用可靠的保护措施，防止钢筋污染、偏移、弯曲。

（6）钢筋中心位置存在严重偏差影响预制构件安装时，应会同设计单位制定专项处理方案，严禁切割、强行调整钢筋。

（7）混凝土浇筑应布料均衡。构件接缝混凝土浇筑和振捣应采取措施防止模板、连接构件、钢筋、预埋件及其定位件移位。预制构件节点接缝处混凝土必须振捣密实。

（8）混凝土浇筑完成后应采取洒水、覆膜、喷涂养护剂等养护方式，养护时间符合设计及规范要求。

四、装配式结构工程质量通病与预防

1. 预制构件安装质量通病与预防

（1）安装问题（图 3-5）

图 3-5 预留钢筋长度相同，需要多组钢筋同时插入套筒，花费时间较长

解决办法：

1）边角设置一根较长的诱导钢筋（图 3-6）。

2）扩大钢筋插入口（图 3-7）。

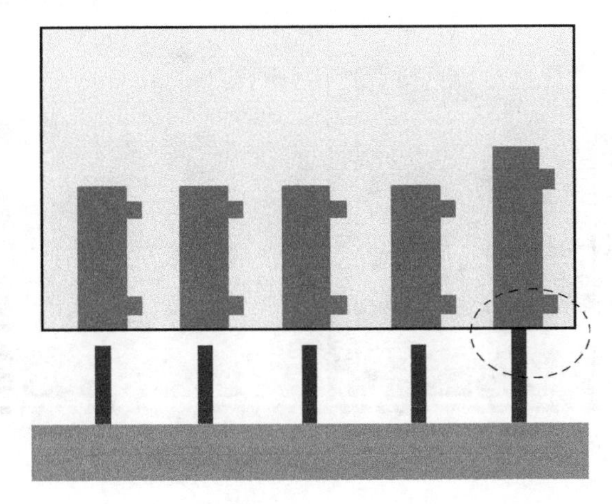

图 3-6 边角设置一根较长的诱导钢筋

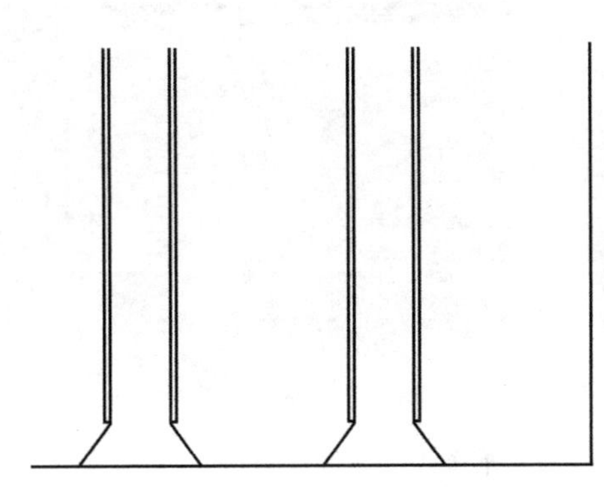

图 3-7 扩大钢筋插入口

（2）安装精度管理不到位（图 3-8）

对精度控制的意识低。

从钢筋校正开始控制精度。

（3）钢筋位置不准（图 3-9）

1）构件生产钢筋定位不准，导致现场钢筋位置偏差。

2）现场墙体位置不准，造成钢筋位置偏差。后续直接导致墙体位置、拼缝等一系列问题。

（4）板面平整度不到位（图 3-10）

1）安装时只关注内侧，不关注外侧。

2）使用专用的工具控制墙面平整度。

3）要有专项工序的检查验收。

图 3-8 预制墙板拼接接缝处控制不合格

图 3-9 钢筋位置不准确

图 3-10 预制构件安装平整度控制不到位

（5）构件节点防水（图 3-11、图 3-12）

图 3-11　裂缝问题在构件出厂前及时修复

图 3-12　为防止保温板细小缝隙进水，构件出厂前应做好节点防渗漏保护

参考文献

[1] 装配式剪力墙结构深化设计、构件制作与安装技术指南. 北京：中国建筑工业出版社，2016.

[2] 装配式混凝土结构设计与工艺深化设计从入门到精通. 北京：中国建筑工业出版社，2016.

[3] 全国民用建筑工程设计技术措施建筑产业现代化专篇（装配式混凝土剪力墙结构施工). 北京：中国计划出版社，2017.

[4] 装配整体式混凝土结构工程施工. 北京：中国建筑工业出版社，2015.

[5] 装配式混凝土住宅工程施工手册. 北京：中国建筑工业出版社，2015.

[6] 装配式建筑系列标准应用实施指南装配式混凝土结构建筑. 北京：中国计划出版社，2016.

[7] 北京市住房和城乡建设委员会关于加强装配式混凝土结构产业化住宅工程质量管理的通知 京建法 [2014] 16 号

[8] 混凝土结构工程施工质量验收规范 GB 50204—2015.

[9] 混凝土结构工程施工规范 GB 50666—2001.

[10] 钢筋连接用套筒灌浆料 JGT 408—2013 .

[11] 钢筋连接用灌浆套筒 JGT 398—2012 .

[12] 钢筋套筒灌浆连接应用技术规程 JGJ 355—2015.

[13] 硅酮建筑密封胶 GB/T 14683—2003.

[14] 柔性泡沫橡塑绝热制品 GB/T 17794—2008.

[15] 装配式混凝土结构技术规程 JGJ 1—2014.

[16] 装配式混凝土建筑技术标准 GB/T 51231—2016.

[17] 装配式混凝土结构工程施工与质量验收规程 DB11/T 1030—2013.

[18] 预制混凝土构件质量检验标准 DB11/T 968—2013.

[19] JM 钢筋套筒灌浆连接作业指导书. 北京思达建茂科技发展有限公司.